JN038590

機械学習のための 確率過程入門

確率微分方程式から ベイズモデル，拡散モデルまで

内山祐介 著

Yusuke Uchiyama

Ohmsha

はしがき

　本書は，応用向けの確率過程（stochastic process）の書籍である．確率過程とは，誤解をおそれずにひと言でいえば「パラメータにしたがってランダムに変動するデータを解析するための数学の一分野」である．主たる対象者は，理工系および情報系の学部上級生ならびに博士前期課程の大学院生である．また，関連する業務に携わる企業の研究開発者や，実験データ解析等にかかわる他分野の研究者の方々にも参考になるものと考えている．

　この 10 年間のデータ科学領域の進展には目まぐるしいものがある．2010 年代前半のビッグデータブームに始まり，2010 年代は深層学習（ディープラーニング）技術が大いに発展した．2020 年代を迎えて，画像生成 AI や，大規模言語モデルを使用した対話型 AI に関連する技術発展や産業応用の勢いはとどまるところを知らない．

　このように，日進月歩の勢いで発展を遂げる機械学習関連の技術を各自の専門領域に取り入れる際には，最新の研究成果を理解し，各自が必要なものを取捨選択し，場合によっては改良を加えることが求められる．そのためには，これらの研究成果の中で道具として使われている確率過程の基礎的な知識が必要不可欠であるといえるだろう．

　確率過程は数学の一分野であることから，真面目に理解するためには厳密な数学理論についての前提知識が求められる．一方で，実際の応用の場面では具体的な計算やプログラムの実装が行えれば十分であるため，数学的な厳密性は必ずしも必要ではない．そのため，数学的な厳密性は犠牲としながらも，機械学習の最新の結果を理解するために最低限必要と思われる内容にしぼって，確率過程の内容を紹介することを本書の目的とした．

　第 1 章では，本書を読み進めるうえで必要となる確率・統計に関する内容を扱う．第 2 章では連続時間の確率過程の基礎となる確率積分と確率微分方程式を導入し，第 3 章では確率過程の中でも特に重要なマルコフ過程を重点的に扱った．第 4 章では確率過程の応用として時系列データのベイズモデルによる解析方法を紹介した．第 5 章では確率過程の機械学習への応用としてガウス過程回帰とそれに関連するモデルを紹介した．第 6 章では，これまでの各章で紹介した内容の実問題への応用を紹介した．その中で，近年画像生成の分野で注目を集めている生成 AI の一種である拡散モ

デルについても紹介した．

　また，本書の最後には付録として第 4 章および第 5 章の内容のサンプルコードを記載した．ソースコードは本書のサポートページ

https://github.com/u-yama/Ohmsha-StochasticProcess

からダウンロードすることができる．

　著者はもともと総合電機メーカーの流体機械の研究開発者である．大学院の博士前期課程で機械工学を学んだものの，実製品の開発で直面する複雑な流動現象に太刀打ちできず，朝から晩まで苦悶する日々を過ごしていた．収集した実験データの活かし方がわからなかったのである．そこで感じた行き詰まりに打開策を求めて，複雑な現象にデータ解析の観点からアプローチする方法を学ぶために，恩師である金野秀敏先生の下で学び直したことが，確率過程とかかわるきっかけであった．本書を通して，かつての著者のように各自の専門分野に確率過程の手法を導入することで，新たな切り口による突破口を見出したいと考えている諸氏の力になれれば幸いである．読者諸氏の益々の発展を祈念し，筆を擱く．

謝辞

　本書の執筆は，これまでに出会った多くの方々とのご縁によって成り立っていると感じています．筑波大学名誉教授の金野秀敏先生には，学類生向けの確率・統計の授業に始まり，その後も研究指導を通して確率過程について多くのことを学ばせていただきました．株式会社日立製作所の本多武史博士には，複雑な実現象から意味のあるデータを計測することの意義と重要性について教えていただきました．また，野村アセットマネジメント株式会社の中川 慧 博士には，共同研究を通して確率過程の機械学習への応用についての数々の知見を提供いただきました．そして，株式会社MAZIN の諸氏には，本書の執筆を快諾いただきました．株式会社オーム社編集局には，度重なる原稿の遅れによる多大なるご迷惑をお掛けしたにもかかわらず，終始温かく見守っていただきました．

　改めまして，皆様に厚く御礼申し上げます．

2023 年 9 月

内山　祐介

目　次

本書ご利用の際の注意事項

　本書で解説している内容を実行・利用したことによる直接あるいは間接的な損害に対して，著作者およびオーム社は一切の責任を負いかねます．利用については利用者個人の責任において行ってください．

　本書に掲載されている情報は，2023 年 9 月時点のものです．将来にわたって保証されるものではありません．実際に利用される時点では変更が必要となる場合がございます．特に，Python およびそのライブラリ群は頻繁にバージョンアップがなされています．これらによっては本書で解説している内容，ソースコード等が適切でなくなることもありますので，あらかじめご了承ください．

　本書の発行にあたって，読者の皆様に問題なく実践していただけるよう，できる限りの検証をしておりますが，以下の環境以外では構築・動作を確認しておりませんので，あらかじめご了承ください．

macOS 12.3（CPU：Intel(R) Core i7，メモリ：16 GB）

　また，上記環境を整えたいかなる状況においても動作が保証されるものではありません．ネットワークやメモリの使用状況および同一 PC 上にある他のソフトウェアの動作によって，本書に掲載されているプログラムが動作できなくなることがあります．併せてご了承ください．

第 **1** 章

確率論の基礎

はじめに，ランダムな事象を記述する数学的方法である確率論の基礎について説明する．現代数学の枠組で確率論を扱うためには，測度論と呼ばれる，集合の面積を抽象化した概念を扱うための厳密な理論が必要となる．

一方で，機械学習や統計解析によるデータ分析の課題に対して確率論の計算手法を応用する際には，厳密な理論展開よりはむしろ具体的な計算手法に重きが置かれる．本書でもそれにならい，数学的な厳密性については必要最小限の取り扱いとする．

1.1　ランダム事象と確率

確率（probability）という概念は日常生活の中で頻繁に使用されている．例えば，毎朝の通学・通勤前に天気予報をみて降水確率をチェックする人は多いであろう．朝の報道番組で「今日の降水確率は 50% です．」と聞いて，50% ぐらいの可能性で雨が降ると考えて傘をもって出かける人は多いかもしれない．また，サイコロを用いるゲームをしているときに，「6 の出る確率は $\frac{1}{6}$」といったことが脳裏に浮かぶだろう．

このように私たちは「確率」や「%」の表記をみると，感覚的に「不確かなもの」「ランダムな事象」といった印象をもってしまう．しかし，あらためて考えてみてほしい．降雨は，海洋の表面で蒸発した水分が上昇気流に巻き上げられ，大気流によって輸送された後に，局地的な雨雲として集積して地上に雨が降る現象である．すなわち，一連の温度変化と大気流を完全に把握できるの

であれば，降雨は完全に予測できるはずである．また，サイコロの運動は剛体の力学として定式化できるため，初期条件がわかりさえすれば，原理的には，どの面が出るかがサイコロを振った時点で予測できるはずである．

つまり，私たちが不確実でランダムだと受け入れている事象の多くは，実は適当な条件を設定することで確実に予測することが可能である．そのような事象になぜ確率という考え方をわざわざ導入するのかというと，「設定すべき条件を必要な精度で制御できないから」である．さらに，現実の世界においては，「設定すべき条件がそもそもわかっていない」ことが大半である．そこで，因果関係の詳細を追う立場から離れて，注目する事象が起こる確からしさに焦点を当てるという立場をとり，「ある出来事は，〇回やれば□回ぐらいは起こりそうだ」と考える．すなわち，私たちは，物事を粗視化してとらえるための道具として確率という概念を利用しているのである．特に，機械学習や統計解析の対象となるような特定の課題に対して確率論を応用するケースでは，ほとんどがこのような立場で確率という概念を利用している．

1.2 確率空間と確率変数

ランダムな（あるいは，ランダムと仮定する）事象を確率論の手法で扱うためには，いくつかの準備が必要である．

ここでは一例として，回転する円形の的に矢を当てるゲームを行う状況を考える．円形の的の領域を扇形に分割し，指定した領域に矢が当たる確率を評価する．ここで，各扇形にはアルファベットの A～Z が書かれており，それぞれの面積は等しいものとする．このとき，指定したエリアにダーツが当たる確率はどのように評価されるだろうか？ 最も単純には，それぞれのアルファベットに矢が当たる確率が均等であるとして，アルファベットは全部で 26 文字だから，ある領域に矢が当たる確率は $\frac{1}{26}$ となる．これをもとにして，アルファベット全体の集合のうち，任意の部分集合に対する確率を評価することができる．

確率論の言葉では確率を評価する対象となる集合を**標本空間** (sample space) といい，Ω と表記する．また，標本空間 Ω の要素を**標本** (sample) といい，ω と表記する．上記の例であれば，アルファベット全体が標本空間で，各アル

ファベットが標本である．さらに，標本空間の部分集合を要素としてもつ集合
を $\mathcal{F}$ とし

$$\Omega, \emptyset \in \mathcal{F} \tag{1.1a}$$

$$A \in \mathcal{F} \quad \Rightarrow \quad \Omega \backslash A \in \mathcal{F} \tag{1.1b}$$

$$A_n \in \mathcal{F} \ (n = 1, 2, \ldots) \quad \Rightarrow \quad \bigcup_{n=1}^{\infty} A_n \in \mathcal{F} \tag{1.1c}$$

を満たすものとする．ここで，標本空間の部分集合を閉区間 $[0, 1]$ に移す関数
を P とする．この P が $\mathcal{F}$ の要素に対して

$$P(\emptyset) = 0, \quad P(\Omega) = 1 \tag{1.2a}$$

$A_n \in \mathcal{F} \ (n = 1, 2, \ldots)$ で $A_m \cap A_n = \emptyset \ (m \neq n)$ ならば

$$P\left(\bigcup_{n=1}^{\infty} A_n\right) = \sum_{n=1}^{\infty} P(A_n) \tag{1.2b}$$

を満たすものとする．式 (1.1a)～(1.1c) を満たす集合族[*1] $\mathcal{F}$ を，**σ-加法族**
（σ-algebra），式 (1.2a)，式 (1.2b) を満たす σ-加法族上で定義された関数 P
を**確率測度**（probability measure）といい，$(\Omega, \mathcal{F}, P)$ の組のことを**確率空間**
（probability space）という．上記の例においては，$\mathcal{F}$ の各要素が確率を評価
する対象となる扇形に対応し，P の関数値が確率として与えられることにな
る．なお，確率空間が定義できるのであれば，標本空間の要素が数値でなくと
も，確率を評価することができる．

　確率空間が与えられれば，サイコロの目のような数値の集まりから，リンゴ
やミカンといった果物の集まりまでもが確率を評価する対象となる．一方で，
具体的な確率の計算を進めていくうえでは，確率のみならず，確率を評価する
対象そのものも数値であるほうが扱いやすいことは明白である．そこで，標本
ω を数値に対応させて，その数値に対して確率の評価を行えるようにする．こ
のような関数を $X : \Omega \to \mathbb{R}$ で与えたときに確率が評価できるためには，X の
逆像が $\mathcal{F}$ の要素であることが必然的に要請される．この条件を満たす関数 X
を**確率変数**（random variable）という．

　上記の例において，各扇形の中心角を確率変数とする．このとき，2π が

[*1]　集合を要素にもつ集合のことを**集合族**（family of sets）という．

26 分割されることになるため，例えばアルファベットの A，B，C が書かれた扇形の部分 {A, B, C} に対応する確率変数の範囲は $0 \leq X(\omega) \leq \dfrac{2\pi}{26} \times 3$ となることがわかる．すなわち，実数 $a < b$ に対して，$\{\omega|\, a \leq X < b\}$ となる $\mathcal{F}$ の要素に対して，確率を評価することができる．

　ここで，実数 x についての非負関数 $p(x)$ を

$$P(a \leq X < b) = \int_a^b p(x)\ dx$$

を満たすように定める．ここで，$P(\{\omega|a \leq X < b\})$ を $P(a \leq X < b)$ と略記している．この条件を満たす関数を**確率密度関数**（probability density function）という．確率密度関数を導入すると，確率の評価を積分計算によって行えるようになる．なお，すべての確率測度に対して確率密度関数が与えられるわけではないが，応用上現れる大半の問題において確率密度関数を使った計算が可能であるとされている[*2]．

　さらに，起こりうる事象すべての確率の和（全確率）は 1 になることから，確率密度関数は条件

$$\int_{-\infty}^{\infty} p(x)\ dx = 1$$

を満たさなければならない．ここで，確率変数 X の任意の関数 f に対して

$$\mathbb{E}[f(X)] = \int_{-\infty}^{\infty} f(x)\ p(x)\ dx$$

で定義される量を $f(X)$ の**期待値**（expectation）という．特に

$$\mathbb{E}[X] = \int_{-\infty}^{\infty} xp(x)\ dx = \mu$$

と

$$\mathbb{E}[(X - \mathbb{E}[X])^2] = \int_{-\infty}^{\infty} (x - \mu)^2 p(x)\ dx = \sigma^2$$

はそれぞれ**平均**（mean）と**分散**（variance）と呼ばれており，実データ解析において頻繁に使用される．

　また，確率密度関数として，対象とする問題の性質に応じてさまざまなものが提案されている．それらの中でも最も基本的なものが**正規分布**（normal

---

[*2]　この辺りの詳細を知りたい読者は，測度論の教科書[1–3)] を参照してほしい．

distribution）である．1 変数の正規分布は

$$p(x) = \frac{1}{\sqrt{2\pi\sigma^2}}\, e^{-\frac{(x-\mu)^2}{2\sigma^2}}$$

で与えられる，2 つのパラメータ μ と σ をもつ非負関数である．これらのパラメータはそれぞれ平均 μ と分散 σ^2 に対応している．

1.3　確率変数の独立性

ランダムな 2 つの事象が相互に影響を与えない場合，それらを**独立な事象**（independent events）と呼ぶ．前節の例において，矢を続けて 2 回投げる状況を考える．このとき，1 回目に投げた矢が {A, B, C} のいずれかに当たり，2 回目に投げた矢が {X, Y, Z} のいずれかに当たる確率はそれぞれの事象が生じる確率をかけ合わせれば求められる．なぜならば，1 回目の結果は 2 回目の結果に影響を及ぼさない，すなわち，それぞれ独立な事象であるからである．これを確率変数と確率密度関数で表現すると

$$
\begin{aligned}
P(a \leq X < b,\, c \leq Y < d) &= \int_a^b \int_c^d p(x,\, y)\ dxdy \\
&= \int_a^b p(x)\ dx \int_c^d p(y)\ dy \\
&= P(a \leq X < b)\ P(c \leq Y < d)
\end{aligned}
$$

となる．このように，独立な事象については複数の事象が生起する確率は各事象の確率の積として求められる．ここで導入した 2 つ以上の確率変数に対する確率を**同時確率**（joint probability），確率密度関数を**同時確率密度関数**（joint probability density function）という．

逆に，ランダムな事象が相互に影響し合う場合，それらを独立でない事象，または，従属関係にある事象と呼ぶ．上記の例において，1 回目に投げた矢が当たった扇形を取り除き，その後，等間隔に扇形を再配置した後に 2 回目の矢を投げる状況を考える．このとき，2 回目に投げる矢における確率は，1 回目の矢がどこに当たったかの影響を受けるから，独立ではない．

独立でない事象の確率密度関数に対しては

$$p(x, y) = p(x|y)\, p(y) \tag{1.3a}$$

$$= p(y|x)\, p(x) \tag{1.3b}$$

という関係が成り立つ．ここで，$p(x|y)$ を確率変数 Y に条件付けられた X の**条件付き確率密度関数**（conditional probability density function），$p(y|x)$ を確率変数 X に条件付けられた Y の条件付き確率密度関数といい，式 (1.3a)，式 (1.3b) は条件付けを行う確率変数が標本抽出された状況でのもう一方の確率変数についての確率密度関数を表している．また，同時確率密度関数 $p(x, y)$ において周辺化を行うと

$$p(x) = \int p(x, y)\, dy$$

$$p(y) = \int p(x, y)\, dx$$

が成り立つので，条件付き確率密度関数について

$$p(x|y) = \frac{p(x|y)\, p(y)}{\displaystyle\int p(x|y)\, p(y)\, dx} \tag{1.4a}$$

$$p(y|x) = \frac{p(y|x)\, p(x)}{\displaystyle\int p(y|x)\, p(x)\, dy} \tag{1.4b}$$

が導かれる．この関係式を**ベイズの定理**（Bayes' theorem）という．式 (1.4a)，式 (1.4b) は一見すると自明にみえるが，ベイズモデル（4.1 節参照）における最も基本的な関係式である．

1.4　確率変数の相関

2 つの確率変数 X，Y の積の期待値を確率変数どうしの**相関**（correlation）という．実際に相関を求める際には，それぞれの確率変数の期待値からの変動どうしの相関をとることになる．さらに標準偏差で除すことで得られるスケールが統一された相関

$$C(X, Y) = \frac{\mathbb{E}[(X - \mathbb{E}[X])(Y - \mathbb{E}[Y])]}{\sqrt{\mathbb{E}[(X - \mathbb{E}[X])^2]\, \mathbb{E}[(Y - \mathbb{E}[Y])^2]}} \tag{1.5}$$

を**相関係数**（correlation coefficient）という．これは確率変数 X と Y が変動する傾向の近さを表す．ここで，確率変数どうしの間に $X = cY$ なる比例関係が成り立つとき，式 (1.5) は c の符号に応じて ± 1 となる．相関係数が 1 のときには確率変数 X と Y は同じ方向の変動をしており，一方で -1 のときには逆向きの変動をしているととらえることができる．このように，相関係数は 2 つの確率変数の動き方に対する傾向を示してくれる[*3]．

1.5　確率変数の和

2 つの確率変数が与えられたときに，それらの和がしたがう確率密度関数を求めることができる．確率変数 X, Y に対して，それぞれ確率密度関数 $p_X(x)$, $p_Y(y)$ が与えられているとき，$Z = X + Y$ がしたがう確率密度関数は畳み込み積分によって

$$p_Z(z) = \int p_X(\zeta - z)\, p_Y(\zeta)\, d\zeta \tag{1.6}$$

で与えられる．式 (1.6) で確率変数 Z の値が z であったときに確率変数 Y が値 ζ をとったとすると，確率変数 X は $X = z - \zeta$ となる．このとき，$p_X(\zeta - z)$ を ζ の関数とみて，とりうるすべての $Y = \zeta$ についての期待値を求めると，Z の確率密度関数 $p_Z(z)$ が得られる．ここで，X と Y の役割を入れ替えても同じ結果が得られる．

確率変数 X, Y の和の期待値について

$$\mathbb{E}[X + Y] = \mathbb{E}[X] + \mathbb{E}[Y] \tag{1.7}$$

が成り立つ．また，確率変数 X, Y が独立であるときに，それぞれの分散 V_X, V_Y について

$$V_{X+Y} = V_X + V_Y \tag{1.8}$$

が成り立つ．式 (1.7), 式 (1.8) は 2 変数以上の確率変数についても成立するため，複数の確率変数どうしの和の期待値を評価する際には便利である．

[*3]　実データ解析において，相関係数の大小でもって 2 つの変数間の因果関係を議論しているものを見かけることもあるが，相関係数の値のみでは因果関係を議論することはできない．この辺りの内容については，統計的因果推論[4,5] の書籍に詳しく書かれている．

独立同分布[*4]な確率変数 $\{X_n\}$ ($n \in \mathbb{N}$) に対して，期待値が有限であるときには次式が成立する．

$$\frac{X_1 + X_2 + \cdots + X_n}{n} \rightarrow \mathbb{E}[X_1] \qquad (n \rightarrow \infty) \tag{1.9}$$

これを**大数の法則**（law of large numbers）という．式 (1.9) は，ある要因によって生じる不確定性の影響で確定的な値をとることがない量に対して，大量の標本（サンプル）の値を取得して求めた算術平均値は，真の期待値に収束することを表している．実験データの解析では，計測値の瞬時値ではなく算術平均値を利用することが多い．これは，式 (1.9) にもとづいて期待値の近似値を評価することで，観測誤差の影響を除去できるからである．

1.6　確率変数の変換

確率変数 X と対応する確率密度関数 $p_X(x)$ が与えられているとき，$Y = f(X)$ によって変換された確率変数 Y がしたがう確率密度関数はどのように求められるだろうか．変数変換の前後で確率変数の大小関係は保たれるものとする．すなわち，$X_1 < X_2$ に対して $Y_1 < Y_2$ を仮定する．このとき，確率変数 X，Y について，変数変換の前後で確率は変化しないから

$$P(x \leq X < x + \Delta x) = P(y \leq Y < y + \Delta y)$$

という関係が得られる．ここで，Δx と Δy がきわめて小さい値をとるとし，それぞれを dx および dy と表記すると，確率密度関数に対して

$$p_X(x)\,dx = p_Y(y)\,dy$$

という関係が成り立つ．したがって，f が逆変換 $X = f^{-1}(Y)$ をもつときには，逆関数定理[*5]から

$$p_Y(y) = p_{f^{-1}(Y)}(f^{-1}(y)) \left(\frac{dy}{dx}\right)^{-1}$$

---

*4　複数の確率変数が独立しており，かつ，同じ確率分布にしたがうことを，**独立同分布**（independent and identically distributed; **i.i.d**）という．

*5　**逆関数定理**（inverse function theorem）とは大雑把にいってしまえば，逆関数を求めたい点において，導関数が 0 とならなければ逆関数の存在を保証するものである．詳細は一般的な解析学の教科書[6–8]を参考にしてほしい．

によって $p_Y(y)$ が求められる．一方で，変数変換の前後で確率変数の大小関係が反転するケースについては，同様の計算によって

$$p_Y(y) = -p_{f^{-1}(Y)}(f^{-1}(y)) \left(\frac{dy}{dx}\right)^{-1}$$

が得られる．これより，確率変数の変換によって確率密度関数は

$$p_Y(y) = p_{f^{-1}(Y)}(f^{-1}(y)) \left| \left(\frac{dy}{dx}\right)^{-1} \right|$$

と変換されることがわかる．

1.7 累積分布関数と特性関数

確率変数 X の**累積分布関数**（cumulative distribution function）は

$$P(X < x) = \int_{-\infty}^{x} p(\xi)\ d\xi$$

で与えられる．これは標本集合 $\{\omega | X(\omega) < x\}$ に対する関数であることから，確率測度を与えていることがわかる．したがって，ある確率変数に対して確率密度関数が与えられているのであれば，累積分布関数として確率測度を導入することができる[*6]．したがって，累積分布関数と確率密度関数との間には

$$\frac{d}{dx} P(X < x) = p(x)$$

という関係が成り立つ．

確率変数 X がしたがう確率密度関数 $p(x)$ が与えられているとき，**特性関数**（characteristic function）は

$$\phi(\xi) = \int_{-\infty}^{\infty} e^{i\xi x} p(x)\ dx$$

で与えられる．これは確率密度関数のフーリエ変換[*7]であるから，確率密度

[*6] この関係とは逆に，確率測度が与えられているときに確率密度関数が導入されるかというと，必ずしもそうはならない．詳細は測度論の教科書を参考にしてほしい．

[*7] フーリエ変換（Fourier transform）とは，あるクラスの関数 $f(x)$ に対して $e^{i\xi x}$ を乗じた後に積分することで得られる積分変換の一種である．微分方程式論や確率論をはじめとした解析学の諸分野や，物理学，工学分野における周波数解析に応用されている．詳細はフーリエ解析の教科書[6-8]を参照してほしい．

関数と特性関数との間にはフーリエ逆変換によって

$$p(x) = \frac{1}{2\pi} \int_{-\infty}^{\infty} e^{-ix\xi} \phi(\xi) \, d\xi$$

という関係が成り立つ.

　特性関数は確率変数の和の評価, すなわち, 畳み込み積分の計算を行う際に効果を発揮する. 関数 $f(x)$, $g(x)$ の畳み込み積分は

$$(f * g)(x) = \int_{-\infty}^{\infty} f(y - x) \, g(y) \, dy \tag{1.10}$$

で定義される. ここで, 関数 $f(x)$, $g(x)$ のフーリエ変換をそれぞれを $\widehat{f}(\xi)$, $\widehat{g}(\xi)$ とすると, 式 (1.10) のフーリエ変換は

$$\int_{-\infty}^{\infty} e^{i\xi x}(f * g)(x) \, dx = \widehat{f}(\xi) \cdot \widehat{g}(\xi) \tag{1.11}$$

となる. 式 (1.11) を利用することで, 確率変数の和がしたがう確率密度関数を求める際に畳み込み積分の計算を回避することができる. 具体的には, 確率変数 X および Y と, それらがしたがう確率密度関数が与えられたとき, 両者の特性関数を求めた後に, それらの積のフーリエ逆変換を求めればよい.

　また, 連続変数の場合と同様に, 離散変数である確率変数に対しても特性関数は定義できる. これには, 次式で定義されるディラックのデルタ関数[*8]を導入する.

$$\delta(x) = 0 \tag{1.12a}$$

$$\int_{-\infty}^{\infty} \delta(x) \, dx = 1 \tag{1.12b}$$

$$\int_{-\infty}^{\infty} f(x) \, \delta(x) \, dx = f(0) \tag{1.12c}$$

ディラックのデルタ関数を用いると, $\{a_1, a_2, \ldots, a_N\}$ で確率 $\{p_1, p_2, \ldots, p_N\}$ をとる離散確率変数がしたがう確率密度関数は

$$p(x) = \sum_{n=1}^{N} p_n \, \delta(x - a_n)$$

[*8]　ディラックのデルタ関数は正確には関数ではない. 超関数の理論によって正確な定義が与えられるものであるが, 本書の範囲を越えるためここでは詳細について触れない[6,9].

となる．ここで，式 (1.12c) より

$$\int_{-\infty}^{\infty} e^{i\xi x}\, \delta(x - a_n)\, dx = e^{ia_n\xi}$$

であるから，特性関数は

$$\phi_X(\xi) = \sum_{n=1}^{N} p_n\, e^{ia_n\xi}$$

として求められる．以上の結果から，確率変数が連続変数の場合と離散変数の場合のいずれにおいても，特性関数は

$$\phi_X(\xi) = \mathbb{E}[e^{i\xi X}]$$

と表される．また，確率変数 $\{X_1, X_2, \ldots, X_N\}$ の和の特性関数については，確率変数ベクトル $\boldsymbol{X} = [X_1, X_2, \ldots, X_N]$ と実数ベクトル $\boldsymbol{\xi} = [\xi_1, \xi_2, \ldots, \xi_N]$ に対して

$$\phi_{\boldsymbol{X}}(\boldsymbol{\xi}) = \mathbb{E}[e^{i\boldsymbol{\xi}\cdot\boldsymbol{X}}]$$

として求められる．指数関数の性質から

$$\mathbb{E}[e^{i\boldsymbol{\xi}\cdot\boldsymbol{X}}] = \mathbb{E}\left[e^{i\sum_{n=1}^{N}\xi_n X_n}\right]$$
$$= \prod_{n=1}^{N} \mathbb{E}[e^{i\xi_n X_n}]$$

が得られる．ここで，各 X_n が独立同分布にしたがう確率変数であるとすると，独立同分布にしたがう確率変数の和の特性関数は，それぞれの確率変数についての特性関数の積に等しいことがわかる．

さらに，独立同分布にしたがう確率変数 $\{X_n\}$ $(n \in \mathbb{N})$ において，$\mathbb{E}[X_1] = 0$ かつ $\mathbb{E}[X_1{}^2] = \sigma^2$ であるとき，

$$S_n = \frac{X_1 + X_2 + \cdots + X_n}{\sqrt{n}}$$

の特性関数は $n \to \infty$ の極限で平均が 0，分散が σ^2 の正規分布の特性関数に収束することを，確率変数の和に対する特性関数の性質から示すことができる．これは**中心極限定理**（central limit theorem）として知られている．

1.8　モーメントとキュムラント

確率変数 X に対して，$\mathbb{E}[X^n]$ を n 次の**モーメント** (moment) という．モーメントは特性関数から求めることもできる．指数関数 $e^{i\xi X}$ をテイラー展開[*9]すると

$$e^{i\xi X} = \sum_{n=0}^{\infty} \frac{(iX)^n}{n!} \, \xi^n$$

であるから，両辺に対して確率変数 X の期待値をとると

$$\phi_X(\xi) = \sum_{n=0}^{\infty} \frac{i^n \mathbb{E}[X^n]}{n!} \, \xi^n \tag{1.13}$$

が得られる．一方，特性関数 $\phi_X(\xi)$ を $\xi = 0$ のまわりでテイラー展開すると

$$\phi_X(\xi) = \sum_{n=0}^{\infty} \frac{1}{n!} \frac{d^{(n)}\phi_X(0)}{d\xi^{(n)}} \, \xi^n \tag{1.14}$$

となる．式 (1.13)，式 (1.14) を ξ^n の係数について比較すると

$$\mathbb{E}[X^n] = i^n \frac{d^{(n)}\phi_X(0)}{d\xi^{(n)}} \tag{1.15}$$

という関係が得られる．式 (1.15) より，確率変数 X がしたがう確率密度関数から特性関数が求められるときには，特性関数から n 次のモーメントを求めることができることがわかる．この性質から，特性関数は**モーメント母関数** (moment generating function) とも呼ばれる．

特性関数の対数

$$\Phi_X(\xi) = \log \phi_X(\xi)$$

を**キュムラント母関数** (cumulant generating function) という．ここで，特性関数同様に，キュムラント母関数のテイラー展開によって n 次の**キュムラント** (cumulant) が

$$\langle X^n \rangle_c = i^n \frac{d^{(n)}\Phi_X(0)}{d\xi^{(n)}}$$

[*9]　**テイラー展開** (Taylor expansion) とは任意回数微分可能な関数を，その導関数を係数にもつ，べき級数に展開することである．詳細は解析学の一般的な教科書[6,9]を参照してほしい．

で求められる．さらに，キュムラントはモーメントを使って表すこともできる．これによって，1 次のキュムラントは平均に，2 次のキュムラントは分散に一致する．3 次と 4 次のキュムラントはそれぞれ

$$\langle X^3 \rangle_c = \mathbb{E}[X^3] - 3\mathbb{E}[X^2]\,\mathbb{E}[X] + 2\mathbb{E}[X]^3$$

$$\langle X^4 \rangle_c = \mathbb{E}[X^4] - 3\mathbb{E}[X^2]^2 - 4\mathbb{E}[X^3]\,\mathbb{E}[X] + 12\mathbb{E}[X^2]\,\mathbb{E}[X]^2 - 6\mathbb{E}[X]^4$$

となる．

特に，正規分布については，3 次以上のキュムラントが 0 になることが知られている．このことから，正規分布の特性関数は，規格化因子を除いて正規分布に一致することがわかる．

1.9 多変量の確率変数

ここまでは主に 1 変数の確率変数を対象にその性質をみてきたが，多変数の確率変数についても同様の性質が成り立つ．多変数の確率変数は，1 変数の確率変数を要素としてもつベクトルで与えられる．

多変数の確率変数ベクトルを $\boldsymbol{X} = [X_1, X_2, \ldots, X_N]$，実数ベクトルを $\boldsymbol{x} = [x_1, x_2, \ldots, x_N]$ とすると，対応する確率密度関数は $p(\boldsymbol{x})$ または $p(x_1, x_2, \ldots, x_N)$ と表記される．1 変数の確率変数とは異なり，多変数の確率変数では，条件付き確率密度関数を考えることができる．例えば，$1 \leq n \leq N$ なる n に対して，確率変数ベクトル $\boldsymbol{X} = [\boldsymbol{X}_1, \boldsymbol{X}_2]$ を $\boldsymbol{X}_1 = [X_1, X_2, \ldots, X_n]$ と $\boldsymbol{X}_2 = [X_{n+1}, X_{n+2}, \ldots, X_N]$ に分割したとする．このとき，ベイズの定理から $\boldsymbol{X}_1$ に対する $\boldsymbol{X}_2$ の条件付き確率密度関数 $p(\boldsymbol{X}_2 | \boldsymbol{X}_1)$ が与えられる．

一般に多変量の確率変数に対応する条件付き確率密度関数を導出することは困難であるが，一部のものについては解析的表式を得ることができる．そのような確率密度関数として最も広く知られているものの 1 つが**多変量正規分布**（multivariate normal distribution）である．これは，確率変数ベクトル $\boldsymbol{X}$ に対して

$$p(\boldsymbol{X}) = \frac{1}{(2\pi)^{\frac{N}{2}} |\Sigma|^{\frac{1}{2}}} \exp\left(-\frac{1}{2}(\boldsymbol{X} - \boldsymbol{\mu})^\top \Sigma^{-1} (\boldsymbol{X} - \boldsymbol{\mu}) \right)$$

で与えられる．ここで，$\top$ は行列の転置を，$|\cdot|$ は行列式を表す．ただし，

$\boldsymbol{\mu} \in \mathbb{R}^N$ は N 次元ベクトル，$\Sigma \in \mathbb{R}^{N \times N}$ は $N \times N$ 次元の正定値行列[*10]で，それぞれ**平均値ベクトル**（mean vector）および**共分散行列**（covariance matrix）と呼ばれている.

多変量正規分布の条件付き確率密度関数を求めるため，確率変数ベクトル，平均値ベクトル，および共分散行列をそれぞれ次式のように分割する.

$$\boldsymbol{X} = [\boldsymbol{X}_1, \boldsymbol{X}_2]$$
$$\boldsymbol{\mu} = [\boldsymbol{\mu}_1, \boldsymbol{\mu}_2]$$
$$\Sigma = \begin{bmatrix} \Sigma_{11} & \Sigma_{12} \\ \Sigma_{21} & \Sigma_{22} \end{bmatrix}$$

ここで，行列に関する以下の公式[*11]

$$\begin{bmatrix} A & B \\ C & D \end{bmatrix} = \begin{bmatrix} I & BD^{-1} \\ O & I \end{bmatrix} \begin{bmatrix} \Pi & O \\ O & D \end{bmatrix} \begin{bmatrix} I & O \\ D^{-1} & I \end{bmatrix}$$

$$\begin{bmatrix} A & B \\ C & D \end{bmatrix}^{-1} = \begin{bmatrix} \Pi^{-1} & -\Pi^{-1}BD^{-1} \\ -D^{-1}C\Pi^{-1} & D^{-1} + D^{-1}C\Pi^{-1}BD^{-1} \end{bmatrix}$$

$$\Pi = A - BD^{-1}C$$

より，確率変数ベクトル $\boldsymbol{X}_1$，$\boldsymbol{X}_2$ の同時確率密度関数は

$$\begin{aligned} p(\boldsymbol{X}_1, \boldsymbol{X}_2) = {} & \frac{1}{(2\pi)^{\frac{n}{2}} |\Pi|^{\frac{1}{2}}} \exp\left(-\frac{1}{2}(\boldsymbol{X}_1 - \widetilde{\boldsymbol{\mu}}_1)^\top \Pi^{-1} (\boldsymbol{X}_1 - \widetilde{\boldsymbol{\mu}}_1) \right) \\ & \times \frac{1}{(2\pi)^{\frac{N-n}{2}} |\Sigma_{22}|^{\frac{1}{2}}} \exp\left(-\frac{1}{2}(\boldsymbol{X}_2 - \boldsymbol{\mu}_2)^\top \Sigma_{22}^{-1} (\boldsymbol{X}_2 - \boldsymbol{\mu}_2) \right) \end{aligned}$$

$$(1.16)$$

と変形できる. 式 (1.16) の右辺第 1 項の $\widetilde{\boldsymbol{\mu}}_1$ は

$$\widetilde{\boldsymbol{\mu}}_1 = \boldsymbol{\mu}_1 + \Sigma_{12}\Sigma_{22}^{-1}(\boldsymbol{X}_2 - \boldsymbol{\mu}_2)$$

[*10]　正定値行列（positive definite matrix）とは任意のベクトルに対する 2 次形式が正になる実対称行列またはエルミート行列のことである. 詳細は一般的な線形代数の教科書[10-12]を参照してほしい.

[*11]　逆行列補題（retrograde lemma），または Sherman–Morrison–Woodbury の公式
$$(A + BCD)^{-1} = A^{-1} + A^{-1}B(D^{-1} + CA^{-1}B)CA^{-1}$$
を使用している.

であり，Π は

$$\Pi = \Sigma_{11} - \Sigma_{12}\Sigma_{22}{}^{-1}\Sigma_{21}$$

である．さらに，式 (1.16) の $p(\boldsymbol{X}_1, \boldsymbol{X}_2)$ を $\boldsymbol{X}_1$ について周辺化[*12]すると

$$p(\boldsymbol{X}_2) = \frac{1}{(2\pi)^{\frac{N-n}{2}}|\Sigma_{22}|^{\frac{1}{2}}} \exp\left(-\frac{1}{2}(\boldsymbol{X}_2 - \boldsymbol{\mu}_2)^\top \Sigma_{22}{}^{-1}(\boldsymbol{X}_2 - \boldsymbol{\mu}_2)\right)$$

となることから，ベイズの定理により，条件付き確率密度関数

$$p(\boldsymbol{X}_1|\boldsymbol{X}_2) = \frac{1}{(2\pi)^{\frac{n}{2}}|\Pi|^{\frac{1}{2}}} \exp\left(-\frac{1}{2}(\boldsymbol{X}_1 - \widetilde{\boldsymbol{\mu}}_1)^\top \Pi^{-1}(\boldsymbol{X}_1 - \widetilde{\boldsymbol{\mu}}_1)\right)$$

$$(1.17)$$

が得られる．これより，多変量正規分布にしたがう確率変数の条件付き確率密度関数もまた多変量正規分布にしたがい，平均ベクトルと共分散行列はそれぞれ $\widetilde{\boldsymbol{\mu}}_1$ と Π で与えられることがわかる．これは，多変量正規分布がもつ重要な性質である．

多変量正規分布と同様に，条件付き確率密度関数がもとの確率密度関数と同じ関数形で表されるものとしては，多変量の**スチューデントの t-分布**（Student's t-distribution）が知られている．これは

$$p(\boldsymbol{X}) = \frac{\Gamma\left(\frac{\nu+N}{2}\right)}{(\nu\pi)^{\frac{N}{2}}\Gamma\left(\frac{N}{2}\right)|\Sigma|^{\frac{1}{2}}}\left[1 + \frac{1}{\nu}(\boldsymbol{X} - \boldsymbol{\mu})^\top \Sigma^{-1}(\boldsymbol{X} - \boldsymbol{\mu})\right]^{-\frac{\nu+N}{2}}$$

で与えられる多変量の確率密度関数である．ここで，ν は**自由度**（degree of freedom）と呼ばれる正の実パラメータであり，$\Gamma(\cdot)$ は

$$\Gamma(z) = \int_0^\infty t^{z-1} e^{-t} dt$$

で定義されるガンマ関数である．条件付き確率密度関数は

[*12] 多変数の確率変数において，ある成分について確率密度関数を積分することを**周辺化**（marginalization）という．

$$p(\boldsymbol{X}_1|\boldsymbol{X}_2) = \frac{\Gamma\left(\dfrac{\nu+n}{2}\right)}{(\nu\pi)^{\frac{n}{2}}\Gamma\left(\dfrac{n}{2}\right)|\widetilde{\Sigma}_{11}|^{\frac{1}{2}}}$$
$$\times\left[1 + \frac{1}{\nu}(\boldsymbol{X}_1 - \widetilde{\boldsymbol{\mu}}_1)^{\top}\widetilde{\Sigma}_{11}^{-1}(\widetilde{\boldsymbol{X}}_1 - \widetilde{\boldsymbol{\mu}}_1)\right]^{-\frac{\nu+n}{2}}$$
$$\widetilde{\boldsymbol{\mu}}_1 = \boldsymbol{\mu}_1 + \Sigma_{12}\Sigma_{22}^{-1}(\boldsymbol{X}_2 - \widetilde{\boldsymbol{\mu}}_2)$$
$$\kappa_2 = (\boldsymbol{X}_2 - \widetilde{\boldsymbol{\mu}}_2)^{\top}\widetilde{\Sigma}_{22}^{-1}(\widetilde{\boldsymbol{X}}_2 - \widetilde{\boldsymbol{\mu}}_2)$$
$$\widetilde{\Sigma}_{11} = \frac{\nu+\kappa_2}{\nu+n}\left(\Sigma_{11} - \Sigma_{12}\Sigma_{22}^{-1}\Sigma_{21}\right)$$

となる.

第 **2** 章

確率積分と確率微分方程式

　本章では，時間変化するランダムな現象を解析するための道具として確率過程を導入する．

　まずは最も基本的な確率過程であるブラウン運動を導入し，それにもとづいた確率積分を与える．確率積分は確率過程に関する積分であり，ランダムな外力を受ける微分方程式である確率微分方程式の解析に使用される．

　次に，確率過程における最も重要な公式の 1 つである伊藤の公式を導入し，その具体例として，いくつかの確率微分方程式の解法を説明する．

2.1　ランダムな運動

　空気抵抗を受けて自由落下する物体や，振り子の運動のように，物体の運動は，位置や速度といった物理量の時間発展として表現することができる．これらの運動の数理モデルは，対応する物理法則から導出される微分方程式により記述される．ここで，振り子を押す力のように，運動する物体に対して外から力が加えられる際には，運動を表す微分方程式に適切な外力項を加えればよい．

　物体の運動の一例として，水面に浮かぶ花粉の粒子の運動を実際に観察すると，意図的な外力を加えていないにもかかわらず，不規則なジグザグ運動が確認される．この粒子の運動を，発見者名にちなんで**ブラウン運動**（Brownian motion）という．ここで，水面に浮かぶ花粉の運動は，花粉に作用する力が具体的にわかれば運動方程式を解くことで求められるはずである．いま，3 次元空間中を運動する花粉の質量を $m \in \mathbb{R}$，花粉の速度を $v \in \mathbb{R}^3$，花粉に作用す

る外力を $\boldsymbol{F} \in \mathbb{R}^3$ とすると，花粉の運動を記述する運動方程式は

$$m\frac{d\boldsymbol{v}}{dt} = \boldsymbol{F} \tag{2.1}$$

で与えられる．式 (2.1) を解くためには，花粉に作用する外力を明らかにする必要がある．花粉は水面を運動しているため，水の粘性[*1]によって速度に比例した減衰力が作用していると考えられる．しかし，花粉に作用する力が減衰力のみであるとすれば，速度が単調減少するだけでジグザグ運動することはない．そこで，ミクロなスケールにおける花粉に衝突する膨大な数の水分子の影響を考慮する．花粉の大きさと比べると水分子の大きさは無視できるほど小さく，また速度変化のスケールも異なるため，花粉からみて，衝突した個々の水分子をそれぞれ識別することは非常に困難である．そのため，花粉に衝突する水分子によって生じる力は，第 1 章で述べた確率の考え方を導入して粗視化することにより，確率的に変動する物理量として取り扱うことになる．このような力を厳密には定義せずに，便宜的に**ランダム力**（random force）と呼ぶことにする．水の粘性による減衰力を $-m\gamma\boldsymbol{v}$，時間変化するランダムなベクトル $\boldsymbol{\xi}(t) \in \mathbb{R}^3$ により花粉に水分子が衝突することで生じるランダム力を $m\boldsymbol{\xi}(t)$ とすると，考慮すべき外力は

$$\boldsymbol{F} = -m\gamma\boldsymbol{v} + m\boldsymbol{\xi}(t)$$

となる．便宜的に $\boldsymbol{\xi}(t)$ を常微分方程式の非同次項[*2]と見なすことで，式 (2.1) の解は

$$\boldsymbol{v}(t) = e^{-\gamma t}\boldsymbol{v}_0 + \int_0^t e^{\gamma(s-t)}\,\boldsymbol{\xi}(s)\,ds \tag{2.2}$$

となる．式 (2.2) では，右辺第 2 項に存在するランダム力の影響により，花粉の不規則なジグザグ運動が表現される．このような，パラメータ（上記では時間変数 t に相当）にひも付けられた確率変数を**確率過程**（stochastic process）という．

[*1]　**粘性**（viscosity）とは，流体中の相対運動によって物体表面に働くせん断応力により運動方向とは逆向きの力を作用させる効果である．

[*2]　常微分方程式の**非同次項**（nonhomogeneous term）とは，独立変数に陽に依存する項のことである．

2.2 確率過程

第1章で導入したように，確率的な事象を定量的に扱うものが確率変数であった．これは，標本空間の要素を引数にもつ実数値関数である．すなわち

$$X : \Omega \ \rightarrow \ \mathbb{R}$$

である．したがって，標本空間の要素 $\omega \in \Omega$ に対して $X(\omega)$ は実数となり，統計量の計算等の定量的な取扱いが可能となる．X を前節で導入した $\boldsymbol{\xi}(t)$ と比較すると，X には時間を表すパラメータが含まれていないことがわかる．そこで，確率変数 X の定義域に，時間を表すパラメータ $t \in [0, \infty)$ を加えることで

$$X : [0, \infty) \times \Omega \ \rightarrow \ \mathbb{R} \tag{2.3}$$

が得られる．これにより，$X(t, \omega)$ で表される量を取り扱うことができるようになる[*3]．これはパラメータ t をもつ確率過程であるが，確率過程の表記において，ω は省略されることが多く，その場合には $X(t)$ や X_t と表記される．したがって，前節で形式的に導入したベクトル $\boldsymbol{\xi}(t)$ は，各要素が式 (2.3) で定義される時間依存の確率変数として与えられるものであるとすれば，時間に依存して変化するランダムな量としての役割を果たしていることがわかる．

前述の花粉のブラウン運動の例においては，確率過程 $\boldsymbol{\xi}(t), \boldsymbol{v}(t)$ は時刻 t をパラメータとしていたが，確率過程のパラメータが属する集合は時間変数 t に対応した $[0, \infty)$ に限定されることはなく，一般の集合 Λ であることが許される．すなわち

$$X : \Lambda \times \Omega \ \rightarrow \ \mathbb{R}$$

が一般の場合の確率過程である．例えば，パラメータを3次元ベクトルにとると，パラメータが定義される集合は $\Lambda = \mathbb{R}^3$ となるため，$\boldsymbol{x} \in \mathbb{R}^3$ に対して $X(\boldsymbol{x}, \omega)$ なる場の量を扱うことができる．この場合は特に**確率場** (random field) とも呼ばれている．また，確率過程を利用した機械学習のモデルにおいては，Λ として，より高次元のパラメータ集合が対象となることが多い．

[*3] 本書の説明では，いわば帳尻合せのような形で導入された $X(t, \omega)$ であるが，加算無限個の確率空間 $(\Omega_n, \mathcal{F}_n, P_n)$ $(n \in \mathbb{N})$ の直積集合の上で定義された確率測度を定義することによって，確率過程を数学的に厳密に定式化することができる．詳細は本書の範疇を越えるので，これ以上の言及はしない[1-3]．

2.3　ブラウン運動とその性質

　時間変数をパラメータにもつ確率過程の最も基本的なものがブラウン運動である．**ブラウン運動**は以下の性質をもつ確率過程 $\{W_t,\, t \geq 0\}$ として定義される．

- 確率 1 で $W_0 = 0$ であり，かつ，W_t は t について連続
- $0 = t_0 < t_1 < \cdots < t_n$ とすると，$i \neq j$ のときに $W_{t_i} - W_{t_{i-1}}$ と $W_{t_j} - W_{t_{j-1}}$ は独立
- $0 \leq s < t$ のとき，$W_t - W_s$ は平均が 0 で，分散が $t - s$ の正規分布にしたがう

このブラウン運動の定義より，$\mathbb{E}[W_s W_t] = \min\{s, t\}$ が導かれる．実際，$s < t$ の場合には

$$
\begin{aligned}
\mathbb{E}[W_t W_s] &= \mathbb{E}[W_t W_s - W_s W_s + W_s W_s] \\
&= \mathbb{E}[(W_t - W_s)\, W_s] + \mathbb{E}[{W_s}^2] \\
&= s
\end{aligned}
$$

となる．$s > t$ の場合も同様の計算により，$\mathbb{E}[W_s W_t] = t$ となることがわかる．

　また，ブラウン運動は時間の関数として連続であるものの微分不可能である．なぜなら，$s < t$ に対して

$$
\lim_{t \to s} \mathbb{E}\left[\left(\frac{W_t - W_s}{t - s} \right)^2 \right] = \lim_{t \to s} \frac{1}{t - s} = \infty
$$

となるからである．

　現時刻を s とし，W_s が与えられている状況において，$t\,(> s)$ における W_t は s 以前の値には依存しない．この性質を**マルコフ性**（Markov property）という．したがって，ブラウン運動はマルコフ性をもつ．マルコフ性をもつ確率過程のことを**マルコフ過程**（Markov process）という．

　さらに，ブラウン運動の条件付き期待値 $\mathbb{E}[W_t | W_u,\ 0 \leq u \leq s]$ を考える．これは，時刻 $0 \leq u \leq s$ におけるブラウン運動 $\{W_u\}_{0 \leq u \leq s}$ に関する情報が得られているという条件の下での $W_t\,(t > s)$ の期待値である．直接計算することにより

$$\mathbb{E}[W_t | W_u, \ 0 \le u \le s] = \mathbb{E}[W_t - W_s + W_s | W_u, \ 0 \le u \le s]$$
$$= \mathbb{E}[W_t - W_s | W_u, \ 0 \le u \le s]$$
$$+ \mathbb{E}[W_s | W_u, \ 0 \le u \le s]$$
$$= W_s$$

が得られる．この性質を**マルチンゲール**（martingale）という．ここで，条件付けに用いられた $0 \le u \le s$ についての情報を $\mathcal{F}_s$ と表記すると，上式は

$$\mathbb{E}[W_t | \mathcal{F}_s] = W_s$$

と書き直すことができる．ここで導入した $\mathcal{F}_t$ は，厳密には W_t によって生成された **σ-加法族**という名称と定義が与えられている[*4]．

区間 $[0, t]$ におけるブラウン運動 W_t において，$0 = t_0 < t_1 < \cdots < t_n = t$ をとり，$\Delta t_i = t_i - t_{i-1}$，$\Delta W_i = W_i - W_{i-1}$ とする．このとき

$$\lim_{n \to \infty} \sum_{i=1}^{n} (\Delta W_i)^2 = \lim_{n \to \infty} \sum_{i=1}^{n} \Delta t_i = t$$

が成り立つ．この性質を**有界2次変動性**（quadratic variation）という．この性質を応用して区間の分割幅を極限操作 $n \to \infty$ によって無限小にしたとき，$\Delta t_i \to dt$ および $\Delta W_i \to dW$ として，形式的に

$$(dW)^2 = dt$$

が無限小のスケールで成り立つことが期待される．

2.4 ブラウン運動と確率積分

あらためてランダム力を受ける粒子の運動について考える．簡単のため，空間1次元の運動に制約すると，ランダム粒子の運動方程式は

$$\frac{dv}{dt} = -\gamma v + \xi(t) \tag{2.4}$$

であり，初期値 $v(0) = v_0$ に対する解は

[*4] 厳密な定義は測度論にもとづいた確率過程論や確率微分方程式の教科書[1-3]を参照してほしい．

$$v(t) = v_0 \, e^{-\gamma t} + \int_0^t e^{\gamma(s-t)} \, \xi(s) \, ds \tag{2.5}$$

となる.

　ここで，ランダム力 $\xi(t)$ は，どのような性質の確率過程であることが望ましいのかを考える. まず，無数の要素が影響し合った結果としてランダム力が生じていると考えられる状況では，中心極限定理により，$\xi(t)$ は正規分布にしたがうと仮定することが自然である. ここで，$\xi(t)$ の平均が 0 でない値 $\bar{\xi}$ をとるとすると，$\tilde{\xi} = \xi - \bar{\xi}$ と変換することにより，平均が 0 のランダム力を受けているのと同じ状況をつくり出せる. このことから，ランダム力の平均を 0 とする. また，ランダム力は異なる時刻 $t \neq t'$ どうしでの相関をもたず，同時刻においてのみ相関をもつことが最も自然な状況であると考えられる. 以上より，ランダム力 $\xi(t)$ は

$$\mathbb{E}[\xi(t)] = 0$$
$$\mathbb{E}[\xi(t) \, \xi(t')] = \delta(t - t')$$

という性質をもつことが要求される. ここで，式 (2.5) の右辺第 2 項における ξ に関する積分を関数 f に対して一般化して，積分

$$I = \int_0^t f(s) \, \xi(s) \, ds \tag{2.6}$$

を考える. いま，平均について $\mathbb{E}[\xi(t)] = 0$ であることから，$\mathbb{E}[I] = 0$ である. 一方で，分散は

$$\begin{aligned}
\mathbb{E}[I^2] &= \mathbb{E}\left[\int_0^t f(s) \, \xi(s) \, ds \int_0^t f(s') \, \xi(s') \, ds' \right] \\
&= \int_0^t \int_0^t f(s) \, f(s') \, \mathbb{E}[\xi(s) \, \xi(s')] \, dsds' \\
&= \int_0^t \int_0^t f(s) \, f(s') \, \delta(s - s') \, dsds' \\
&= \int_0^t f(s)^2 \, ds
\end{aligned}$$

である. ここで

$$\frac{dW(t)}{dt} = \xi(t)$$

となる関数 $W(t)$ の存在を仮定すると，式 (2.6) は

$$I = \int_0^t f(s)\,\xi(s)\,ds$$
$$= \int_0^t f(s)\,\frac{dW(s)}{ds}\,ds$$
$$= \int_0^t f(s)\,dW$$

となる．したがって

$$dW = \xi(t)\,dt$$

という関係式が形式的に得られる．これと $\mathbb{E}[I^2]$ の導出過程とを比較すると

$$\mathbb{E}[dW\,dW] = dt$$

となることがわかる．後は

$$I = \int_0^t f(s)\,dW \tag{2.7}$$

の積分を計算することができれば，ランダムな運動

$$v(t) = v_0\,e^{-\gamma t} + \int_0^t e^{\gamma(s-t)}\,dW$$

を求めることができる．さらに，ランダム力 $\xi(t)$ が正規分布にしたがうと仮定したことにより，$W(t)$ の候補としてブラウン運動が想定される．

さて，式 (2.7) の積分における被積分関数 $f(t)$ は，t にのみ依存する通常の意味での関数であった．これを拡張して確率過程の積分を考える．すなわち，区間 $[0, T]$ 上で定義された確率過程 $f(t, \omega)$ のブラウン運動 W_t による積分

$$I[f] = \int_0^T f(t, \omega)\,dW \tag{2.8}$$

を与える．まず，区間 $[0, T]$ を $0 = t_0 < t_1 < t_2 < \cdots < t_n = T$ に分割し，各 $t \in [t_{i-1}, t_i)$ において $f_n(t, \omega) = \alpha_i(\omega)$ となるような階段関数によって $f(t, \omega)$ を近似する．このとき，$\mathbb{E}[\alpha_i^2] < \infty$ であることを仮定すると，このような階段関数は

$$\lim_{n \to \infty} \mathbb{E}\left[|f_n - f|^2\right] = 0$$

によって f に収束する．この極限を 2 乗可積分の意味での極限という．階段関数 f_n の確率積分を

$$\int_0^T f_n(t, \omega)\, dW = \sum_{i=1}^n \alpha(t_{i-1}, \omega)\, (W_{t_i} - W_{t_{i-1}}) \tag{2.9}$$

で定義する．このとき，式 (2.9) は式 (2.8) に

$$\lim_{n \to \infty} \mathbb{E}\left[|I[f_n] - I[f]|^2\right] = 0$$

として収束する．このように，階段関数の確率積分の極限として定義される $I[f]$ を，関数 f の**伊藤積分** (Itô integral)，または**確率積分** (stochastic integral) という．伊藤積分については以下の性質が成り立つ．

- （期待値）
$$\mathbb{E}\left[\int_0^T f(t, \omega)\, dW\right] = 0$$

- （等長性）
$$\mathbb{E}\left[\left(\int_0^T f(t, \omega)\, dW\right)^2\right] = \int_0^T |f(t, \omega)|^2\, dt$$

- （マルチンゲール性）伊藤積分を
$$M_t = \int_0^t f(u, \omega)\, dW$$
とすると
$$\mathbb{E}[M_t | \mathcal{F}_s] = M_s \qquad (s < t)$$
が成り立つ．

- （線形性）実数 α，β と伊藤積分が定義可能な関数 f，g に対して
$$\int_0^T [\alpha f(t, \omega) + \beta g(t, \omega)]\, dW = \alpha \int_0^T f(t, \omega)\, dW + \beta \int_0^T g(t, \omega)\, dW$$
が成り立つ．

　これらの性質は，ランダム力を受ける粒子の運動方程式の $\xi(t)$ に関する積分が満たすべき性質を含む．つまり，形式的に導入した $\xi(t)$ に関する積分は伊藤積分によって定式化される．

2.5 確率微分方程式

前節で伊藤積分を導入することにより，ランダム力を受ける粒子の運動を解析できることを説明した．そこで，式 (2.4) 中のランダム力 $\xi(t)$ をブラウン運動 W_t に書き換えると

$$\frac{dv}{dt} = -\gamma v + \frac{dW}{dt}$$

となる．ところが，ブラウン運動は微分不可能であることから上式の右辺第2項は意味をなさない．そこで，式 (2.4) の両辺を t について積分すると

$$v(t) - v_0 = -\gamma \int_0^t v(s) \, ds + \int_0^t \xi(s) \, ds$$

という積分方程式に置き換えられる．この式の右辺第2項は

$$\int_0^t \xi(s) \, ds = \int_0^t dW$$

より，$f = 1$ に対する伊藤積分であることがわかる．したがって，ランダム力を受ける粒子の運動方程式 (式 (2.4)) は伊藤積分に関する積分方程式

$$v(t) - v_0 = -\gamma \int_0^t v(s) \, ds + \int_0^t dW \tag{2.10}$$

として定式化されるべきものであることがわかる．

さらに，式 (2.10) を一般化すると，伊藤積分に関する積分方程式

$$X_t - X_0 = \int_0^t F(s, X_s) \, ds + \int_0^t G(s, X_s) \, dW$$

を考えることができる．これを便宜的に

$$dX_t = F(t, X_t) \, dt + G(t, X_t) \, dW \tag{2.11}$$

と表したものが**確率微分方程式** (stochastic differential equation) である．このように，確率微分方程式は「微分方程式」の名は冠しているものの，伊藤積分についての積分方程式である．また，式 (2.11) の右辺にある $F(t, X_t)$ と $G(t, X_t)$ は，それぞれ**ドリフト項** (drift term) および**拡散項** (diffusion term) と呼ばれている．

さらに，多変数の確率過程 $\boldsymbol{X}(t, \omega) \in \mathbb{R}^n$ に対する確率微分方程式は，$\boldsymbol{F} : [0, \infty) \times \mathbb{R}^n \to \mathbb{R}^n$，$\boldsymbol{G} : [0, \infty) \times \mathbb{R}^n \to \mathbb{R}^{n \times m}$ とブラウン運動を要素に

もつベクトル $\boldsymbol{W} \in \mathbb{R}^m$ に対して

$$d\boldsymbol{X} = \boldsymbol{F}(t, \boldsymbol{X}) \, dt + \boldsymbol{G}(t, \boldsymbol{X}) \, d\boldsymbol{W} \tag{2.12}$$

で与えられる．式 (2.12) を成分ごとに書くと

$$dX_i = F_i(t, \boldsymbol{X}) \, dt + \sum_{j=1}^{m} G_{ij}(t, \boldsymbol{X}) \, dW_j$$

となる．式 (2.12) の解が存在し，それが確率 1 で一意に求まるためには，以下の条件を満たすことが要請される．

- （ドリフト項）$\boldsymbol{x}, \boldsymbol{y} \in \mathbb{R}^n$ に対して

$$\|\boldsymbol{F}(t, \boldsymbol{x}) - \boldsymbol{F}(t, \boldsymbol{y})\| \le C \|\boldsymbol{x} - \boldsymbol{y}\| \tag{2.13}$$

となる定数 C が存在する．
- （拡散項）$\boldsymbol{x}, \boldsymbol{y} \in \mathbb{R}^n$ に対して

$$\|\boldsymbol{G}(t, \boldsymbol{x}) - \boldsymbol{G}(t, \boldsymbol{y})\| \le C' \|\boldsymbol{x} - \boldsymbol{y}\| \tag{2.14}$$

となる定数 C' が存在する．

ここで，式 (2.13), 式 (2.14) 中の関数 $\boldsymbol{F}$, $\boldsymbol{G}$ は有界連続，かつ，2 回微分可能であるとする．

2.6　伊藤の公式

一般に，常微分方程式を具体的に解く際には変数変換が有効な手段となることが多いが，これと同様のことが確率微分方程式においてもいえる．ここでは，伊藤積分に関する変数変換に相当するものとして**伊藤の公式**（Itô's formula）を導入する．

1 変数の確率過程 X_t が確率微分方程式

$$dX = F(t, X) \, dt + G(t, X) \, dW$$

にしたがうものとする．このとき，$Y_t = H(t, X_t)$ によって X_t を Y_t に変換した際の Y_t がしたがう確率微分方程式は

$$dY = \left[\frac{\partial H}{\partial t} + \frac{\partial H}{\partial x} F(H^{-1}(t, Y)) + \frac{1}{2} \frac{\partial^2 H}{\partial x^2} G(H^{-1}(t, Y))^2 \right] dt$$
$$+ \frac{\partial H}{\partial x} G(H^{-1}(t, Y)) \, dW \tag{2.15}$$

で与えられる．これが伊藤の公式である．式 (2.15) は一見すると複雑だが，次のように考えるとわかりやすい．伊藤積分 (式 (2.8)) において $\mathbb{E}[dW\,dW] = dt$ であることから，$(dW)^2 = dt$ という関係式が形式的に成り立つことを仮定して，$Y = H(X, t)$ を 2 次の項まで展開すると

$$dY = \frac{\partial H}{\partial t}\,dt + \frac{\partial H}{\partial x}\,dX + \frac{1}{2}\frac{\partial^2 H}{\partial t^2}(dt)^2 + \frac{\partial^2 H}{\partial t\partial x}\,dt\,dX + \frac{1}{2}\frac{\partial^2 H}{\partial x^2}(dX)^2$$

となる．ここで

$$(dt)^2 = 0, \quad dt\,dW = 0, \quad (dW)^2 = dt$$

とすると，2 次の項については $(dX)^2$ に比例する項だけが残り

$$\begin{aligned}(dX)^2 &= F(t, X)^2(dt)^2 + F(t, X)\,G(t, X)\,dt\,dW + G(t, X)^2(dW)^2 \\ &= G(t, X)^2\,dt\end{aligned}$$

となる．これらを用いると，形式的に式 (2.15) が導出される．

また，多変数の場合は，確率微分方程式

$$d\boldsymbol{X} = \boldsymbol{F}(t, \boldsymbol{X})\,dt + \boldsymbol{G}(t, \boldsymbol{X})\,d\boldsymbol{W}$$

にしたがう確率過程 $\boldsymbol{X}_t$ に対して，$\boldsymbol{Y}_t = \boldsymbol{H}(t, \boldsymbol{X}_t)$ によって変換された確率過程を $\boldsymbol{Y}_t$ とすると

$$\begin{aligned}dY_i = &\left[\frac{\partial H_i}{\partial t} + \sum_{j=1}^{n}\frac{\partial H_i}{\partial x_j}F_j + \frac{1}{2}\sum_{j,k,l=1}^{n}\frac{\partial^2 H_i}{\partial x_j\partial x_k}G_{j,l}G_{k,l}\right]dt \\ &+ \sum_{j=1}^{n}\sum_{k=1}^{m}\frac{\partial H_i}{\partial x_j}G_{j,k}\,dW_k \quad (i = 1, 2, \ldots, n)\end{aligned} \tag{2.16}$$

となる．ここでは，1 変数のときと同様に

$$(dt)^2 = 0, \quad dt\,dW_i = 0, \quad dW_i\,dW_j = \delta_{ij}\,dt \quad (i, j = 1, 2, \ldots, n)$$

を利用した．ただし，δ_{ij} はクロネッカーのデルタである．

さらに，伊藤の公式を使うことで，ブラウン運動を変数とする関数の積分を求めることができる．一例として，ブラウン運動 W_t に対する指数関数 e^{W_t} の伊藤積分を求める．指数関数を $f(x) = e^x$ とすると，$X_t = W_t$ より $dX = dW$ となる．$f'(x) = e^x$，$f''(x) = e^x$ であるから，伊藤の公式より

$$df = e^X \, dW + \frac{1}{2} \, e^X \, dt$$

となる．あらためて積分形式にすると

$$e^{W_t} - e^{W_0} = \int_0^t e^{W_s} \, dW + \frac{1}{2} \int_0^t e^{W_s} \, ds$$

となるから，$W_0 = 0$ より

$$\int_0^t e^{W_s} \, dW = e^{W_t} - 1 - \frac{1}{2} \int_0^t e^{W_s} \, ds$$

が得られる．上式の右辺第 3 項は通常の指数関数の積分には現れない項である[*5]．これより，ブラウン運動を変数にもつ関数の伊藤積分において，W_t を通常の変数と同様に扱うと正しい結果が得られないことがわかる．

　別の例として，三角関数の伊藤積分を計算する．$f(x) = \sin x$ とすると，$f'(x) = \cos x$，$f''(x) = -\sin x$ であるから，伊藤の公式より

$$df = \cos W_t \, dW - \frac{1}{2} \sin W_t \, dt$$

となる．したがって

$$\int_0^t \cos W_s \, dW = \sin W_t + \int_0^t \frac{1}{2} \sin W_s \, ds$$

が得られる．指数関数や三角関数以外でも，上記と同様に伊藤の公式を使うことでブラウン運動を変数とする関数の伊藤積分を求めることができる．

2.7　確率微分方程式の具体例

　本章の締括りとして，確率微分方程式の具体例をあげ，それらの解を実際に求めてみる．

2.7.1　オルンシュタイン・ウーレンベック過程

　はじめに，ランダム力を受ける花粉の運動方程式として導入した確率微分方程式

[*5]　通常の指数関数の定積分は $\displaystyle \int_0^t e^s \, ds = e^t - 1$ となる．

$$dX = -\gamma X \ dt + \sqrt{D} \ dW \tag{2.17}$$

を考える．これは**オルンシュタイン・ウーレンベック過程**(Ornstein–Uhlenbeck process, OU 過程) して知られており，さまざまな分野において最も広く応用されている確率微分方程式である．式 (2.17) を解くために，関数 $f(t, x) = e^{\gamma t}x$ を導入する．偏導関数はそれぞれ

$$\frac{\partial f}{\partial t} = \gamma \ e^{\gamma t}x, \quad \frac{\partial f}{\partial x} = e^{\gamma t}, \quad \frac{\partial^2 f}{\partial x^2} = 0$$

となるから，伊藤の公式より

$$\begin{aligned}
df &= \frac{\partial f}{\partial t} \ dt + \frac{\partial f}{\partial x} \ dX + \frac{1}{2}\frac{\partial^2 f}{\partial x^2}(dX)^2 \\
&= \gamma e^{\gamma t}X + e^{\gamma t}(-\gamma X \ dt + \sqrt{D} \ dW) \\
&= e^{\gamma t}\sqrt{D} \ dW
\end{aligned}$$

が得られる．これを積分形式にすると

$$e^{\gamma t}X_t - x_0 = \sqrt{D} \int_0^t e^{\gamma s} \ dW$$

となるので，両辺を整理すると

$$X_t = x_0 \ e^{-\gamma t} + \sqrt{D} \int_0^t e^{\gamma(s-t)} \ dW \tag{2.18}$$

が式 (2.17) の解として得られる．

式 (2.18) と伊藤積分の性質から，平均は

$$\mathbb{E}[X_t] = x_0 \ e^{-\gamma t}$$

となる．同様にして，分散は

$$\begin{aligned}
\mathbb{E}[(X_t - \mathbb{E}[X_t])^2] &= \mathbb{E}\left[\left(\sqrt{D}\int_0^t e^{\gamma(s-t)} \ dW\right)^2\right] \\
&= D\int_0^t e^{2\gamma(s-t)} \ ds \\
&= \frac{D}{2\gamma}(1 - e^{-2\gamma t})
\end{aligned}$$

となる．したがって，$t = 0$ において $X_0 = x = 0$ であるときの OU 過程の条

件付き確率密度関数は

$$p(x, t|x_0, 0) = \frac{1}{\sqrt{\dfrac{\pi D}{\gamma}(1 - e^{-2\gamma t})}} \exp\left(-\frac{(x - x_0\ e^{-\gamma t})^2}{\dfrac{D}{\gamma}(1 - e^{-2\gamma t})}\right) \tag{2.19}$$

となる．これは，平均と分散が時間の関数として与えられている正規分布である．さらに，式 (2.19) の条件付き確率密度関数において，$t \to \infty$ の極限をとると初期値 x_0 の影響が消えて

$$p(x, t) = \frac{1}{\sqrt{\dfrac{\pi D}{\gamma}}} \exp\left(-\frac{x^2}{\dfrac{D}{\gamma}}\right) \tag{2.20}$$

となり，平均が 0, 分散が $\dfrac{D}{\gamma}$ と，どちらも時間に依存しない定数となっていることが確認できる．このような性質をもつ確率過程を**定常確率過程**（stationary stochastic process）といい，$t \to \infty$ の極限で得られる確率密度関数を**定常確率密度関数**（stationary probability density function）という．つまり，OU 過程は定常確率密度関数が正規分布となる定常確率過程である．

2.7.2　幾何ブラウン運動

確率微分方程式

$$dX = \mu X\ dt + \sigma X\ dW \tag{2.21}$$

を考える．この確率微分方程式の解として与えられる確率過程は**幾何ブラウン運動**（geometric Brownian motion）と呼ばれており，数理ファイナンスや金融工学の分野において，株や為替等のリスク資産に対する価格の数理モデルとして使用されている．特にこれらの分野においては，パラメータ μ は**期待リターン**（expected return），σ は**ボラティリティ**（volatility）と呼ばれている．ここで，関数 $f(t, x) = \log x$ の偏導関数は

$$\frac{\partial f}{\partial t} = 0, \quad \frac{\partial f}{\partial x} = \frac{1}{x}, \quad \frac{\partial^2 f}{\partial x^2} = -\frac{1}{x^2}$$

であるから，伊藤の公式より

$$df = \frac{\partial f}{\partial t}\ dt + \frac{\partial f}{\partial x}\ dX + \frac{1}{2}\frac{\partial^2 f}{\partial x^2}\ (dX)^2$$
$$= \frac{1}{X}(\mu X\ dt + \sigma X\ dW) - \frac{1}{2}\frac{1}{X^2}\sigma^2 X^2\ dt$$
$$= \left(\mu - \frac{\sigma^2}{2}\right) dt + \sigma\ dW$$

となる．これを積分形式にすると

$$\log X_t - \log x_0 = \left(\mu - \frac{\sigma^2}{2}\right) t + \sigma W_t$$

となるので，式 (2.21) の解は

$$X_t = x_0 \exp\left(\left(\mu - \frac{\sigma^2}{2}\right) t + \sigma W_t\right) \tag{2.22}$$

で与えられる．式 (2.22) では，右辺の指数関数の増減傾向が μ と $\frac{\sigma^2}{2}$ の大小関係によって変化する．この例のように，確率微分方程式の拡散項が X の関数であるときには，ドリフト係数に付加項を生じる．

2.7.3　一般化コーシー過程

OU 過程と幾何ブラウン運動とを組み合わせた確率微分方程式として

$$dX = -\gamma X\ dt + X\sqrt{D_2}\ dW^{(2)} + \sqrt{D_1}\ dW^{(1)} \tag{2.23}$$

を考える．ここで，$W_t^{(1)}$ と $W_t^{(2)}$ は

$$dW^{(i)}\ dW^{(j)} = \delta_{i,j}\ dt \qquad (i, j = 1,\ 2)$$

を満たすブラウン運動である．これは，**一般化コーシー過程**（generalized Cauchy process）と呼ばれることがあり，非平衡開放系[*6]に現れる非線形波動の速度ゆらぎの数理モデルや，非平衡統計力学[*7]における非ガウス統計モデルとして知られている**ツァリス分布**（Tsallis distribution）を与える確率微分方程式として使用されている．式 (2.23) を解くために，確率微分方程式

[*6]　**非平衡開放系**（nonequilibrium open system）とは，熱力学的平衡状態にいたる途上の系であり，外界との間で物質やエネルギーの授受が行われるものをいう．

[*7]　**非平衡統計力学**（nonequilibrium statistical mechanics）とは，熱力学的平衡状態にいたる途上の多体系の統計的振舞いを対象とする物理学の一分野である．

$$dY = \sqrt{D_2}\ dW^{(2)}$$

を満たす Y_t を補助変数[*8]として導入する．関数

$$f(t,\, x,\, y) = e^{\left(\gamma + \frac{D_2}{2}\right)t - y}\ x$$

に対して 1 階の偏導関数はそれぞれ

$$\frac{\partial f}{\partial t} = \left(\gamma + \frac{D_2}{2}\right)\ e^{\left(\gamma + \frac{D_2}{2}\right)t - y}\ x$$

$$\frac{\partial f}{\partial x} = e^{\left(\gamma + \frac{D_2}{2}\right)t - y}$$

$$\frac{\partial f}{\partial y} = -e^{\left(\gamma + \frac{D_2}{2}\right)t - y}\ x$$

となり，2 階の偏導関数はそれぞれ

$$\frac{\partial^2 f}{\partial x^2} = 0$$

$$\frac{\partial^2 f}{\partial x\, \partial y} = -e^{\left(\gamma + \frac{D_2}{2}\right)t - y}$$

$$\frac{\partial^2 f}{\partial y^2} = e^{\left(\gamma + \frac{D_2}{2}\right)t - y}\ x$$

となる．また，dX と dY の 2 次の量については

$$(dX)^2 = (D_2 X^2 + D_1)\ dt, \quad dX\ dY = D_2 X\ dt, \quad (dY)^2 = D_2\ dt$$

が成り立つので，伊藤の公式より

$$\begin{aligned}
df &= \frac{\partial f}{\partial t}\ dt + \frac{\partial f}{\partial x}\ dX + \frac{\partial f}{\partial y}\ dY \\
&\quad + \frac{1}{2}\frac{\partial^2 f}{\partial x^2}(dX)^2 + \frac{1}{2}\frac{\partial^2 f}{\partial x\, \partial y}\ dX\ dY + \frac{1}{2}\frac{\partial^2 f}{\partial y^2}(dY)^2 \\
&= e^{\left(\gamma + \frac{D_2}{2}\right)t - \sqrt{D_1}W_t^{(2)}}\ \sqrt{D_1}\ dW^{(1)}
\end{aligned}$$

が得られる．これに対応する積分形式は

$$e^{\left(\gamma + \frac{D_2}{2}\right)t - \sqrt{D_1}\ W_t^{(2)}}X_t - x_0 = \sqrt{D_1}\int_0^t e^{\left(\gamma + \frac{D_2}{2}\right)s - \sqrt{D_1}\ W_s^{(2)}}\ dW^{(1)}$$

[*8] ここでは，確率微分方程式の見通しをよくするための変数という意味合いで補助変数という用語を使用している．

であるから，求める解は

$$X_t = x_0 \ e^{-\left(\gamma + \frac{D_2}{2}\right)t + \sqrt{D_1}W_t^{(2)}}$$
$$+ \sqrt{D_1} \int_0^t e^{\left(\gamma + \frac{D_2}{2}\right)(s-t) - \sqrt{D_1}\left(W_s^{(2)} - W_t^{(2)}\right)} \ dW^{(1)} \tag{2.24}$$

である．式 (2.24) は $D_2 = 0$ で OU 過程（式 (2.18)）に，$D_1 = 0$ で幾何ブラウン運動（式 (2.22)）になることから，一般化コーシー過程は両者を含む，より一般的な確率微分方程式であるといえる．

2.7.4　多変数オルンシュタイン・ウーレンベック過程

ここまで 1 変数の例をみてきたが，多変数の例にも触れておく．n 次元ベクトルの確率過程 $\boldsymbol{X}_t \in \mathbb{R}^n$，$m$ 個のブラウン運動からなるベクトル $\boldsymbol{W}_t \in \mathbb{R}^m$，$n \times n$ 行列 $\Gamma \in \mathbb{R}^{n \times n}$，および，$n \times m$ 行列 $D \in \mathbb{R}^{n \times m}$ に対して，確率微分方程式

$$d\boldsymbol{X} = -\Gamma \boldsymbol{X} \ dt + \sqrt{D} \ d\boldsymbol{W} \tag{2.25}$$

を**多変数オルンシュタイン・ウーレンベック過程**（multivariate Ornstein–Uhlenbeck process，多変数 OU 過程）という．ここで，$\sqrt{D}$ は D の特異値分解によって与えられる行列である．1 変数の OU 過程同様に，伊藤の公式を使って式 (2.25) の解を求める．写像 $\boldsymbol{f}(t, \boldsymbol{x}) = e^{t\Gamma}\boldsymbol{x}$ に対して偏導関数は

$$\frac{\partial \boldsymbol{f}}{\partial t} = \Gamma e^{t\Gamma}\boldsymbol{x}, \quad \frac{\partial f_i}{\partial x_j} = [e^{t\Gamma}]_{i,j}, \quad \frac{\partial^2 f_i}{\partial x_j \partial x_k} = 0$$

である．ここで，$[e^{t\Gamma}]_{i,j}$ は行列 $e^{t\Gamma}$ の (i, j) 要素を表す．多変数の伊藤の公式（式 (2.16)）から

$$\begin{aligned}
df_i &= \frac{\partial f_i}{\partial t} \ dt + \sum_{j=1}^n \frac{\partial f_i}{\partial x_j} \ dX_j + \frac{1}{2} \sum_{j,k=1}^n \frac{\partial^2 f_i}{\partial x_j \partial x_k} \ dX_j dX_k \\
&= \sum_{j,k=1}^n \Gamma_{i,j} [e^{t\Gamma}]_{j,k} X_k dt \\
&\quad + \sum_{j=1}^n [e^{t\Gamma}]_{i,j} \left(-\sum_{k=1}^n \Gamma_{j,k} X_k dt + \sum_{k=1}^m \left[\sqrt{D}\right]_{j,k} \ dW_k \right) \\
&= \sum_{j=1}^n \sum_{k=1}^m [e^{t\Gamma}]_{i,j} \left[\sqrt{D}\right]_{j,k} \ dW_k
\end{aligned}$$

が得られる．したがって，両辺を積分することで多変数 OU 過程の解が

$$\boldsymbol{X}_t = e^{-t\Gamma}\boldsymbol{x}_0 + \int_0^t e^{(s-t)\Gamma}\sqrt{D}\ d\boldsymbol{W} \tag{2.26}$$

として求まる．

　多変数 OU 過程の具体例として，外乱を受ける調和振動子[*9]を考える．ポテンシャル $U(\boldsymbol{x})$ をもつ粒子の運動方程式は

$$\frac{d\boldsymbol{v}}{dt} = -\nabla U(\boldsymbol{x})$$

で与えられる（簡単のため，粒子の質量は $m = 1$ とした）．ここで，外力として速度と逆向きに比例して働く散逸力とランダム力を考慮して，位置の時間微分が速度であることから

$$\frac{d\boldsymbol{x}}{dt} = \boldsymbol{v}$$
$$\frac{d\boldsymbol{v}}{dt} = -\nabla U(\boldsymbol{x}) - \gamma\boldsymbol{v} + \boldsymbol{\xi}(t)$$

と書くことができる．上記のポテンシャルの下での運動方程式に速度に比例する散逸力とランダム力が加えられたものを**クラマース方程式**（Kramers equation）という．ここで，$\boldsymbol{\xi}(t)$ は形式的に導入されたものなので，確率微分方程式として書き直すと

$$d\boldsymbol{X} = \boldsymbol{V}\ dt \tag{2.27a}$$
$$d\boldsymbol{V} = -[\nabla U(\boldsymbol{X}) + \gamma\boldsymbol{V}]\ dt + d\boldsymbol{W} \tag{2.27b}$$

となる．いま，調和振動子の場合を考えているので，ポテンシャル関数は

$$U(\boldsymbol{x}) = \frac{1}{2}k\|\boldsymbol{x}\|^2$$

で与えられるため，クラマース方程式（式 (2.27a)，式 (2.27b)）は

$$d\begin{bmatrix}\boldsymbol{X}\\\boldsymbol{V}\end{bmatrix} = \begin{bmatrix}0 & 1\\-k & -\gamma\end{bmatrix}\begin{bmatrix}\boldsymbol{X}\\\boldsymbol{V}\end{bmatrix} + \begin{bmatrix}0\\\sqrt{D}\end{bmatrix}dW$$

となる．したがって，式 (2.26) によって調和振動子に対応したクラマース方程式の解を求めることができる．

[*9]　変位に逆比例する外力を受ける振動子を**調和振動子**（harmonic oscillator）という．

第 3 章

マルコフ過程の性質

本章では，確率過程の中でも最も重要なクラスの 1 つであるマルコフ過程について説明する．

マルコフ過程では，現在の状態は過去からの履歴によらず直前の状態のみに依存するため，条件付き確率密度関数に関連する種々の計算が比較的容易に行える特長がある．マルコフ過程がしたがう基本式であるチャップマン・コルモゴロフ方程式を導入した後で，その特殊ケースのうちの 1 つであるフォッカー・プランク方程式について，確率微分方程式との対応関係に触れつつ解説する．あわせて，フォッカー・プランク方程式の解法も紹介する．

3.1 確率密度関数による表現

確率変数に対して確率密度関数が与えられるのと同様に，確率過程に対しても確率密度関数を与えることができる．X_t を，区間 $0 \le t \le T$ 上で定義された多変数確率過程とする．このとき，確率過程 X_t に対する確率密度関数は，区間 $0 \le t \le T$ から任意に選択した $0 = t_0 < t_1 < \cdots < t_n = T$ に対して，$X_0, X_1, \ldots, X_n$ がしたがう同時確率密度関数 $p(\boldsymbol{x}_n, t_n; \ldots; \boldsymbol{x}_1, t_1; \boldsymbol{x}_0, t_0)$ である[*1]．さらに，条件付き確率密度関数も，多変量の確率変数に対する確率密度関数と同様に与えることができる．

例えば，$\{t_n\}_{0 \le n \le m}$ までの X_t が与えられている条件の下での t_{m+1} 以降の

[*1]　パラメータを省略して $p(\boldsymbol{x}_n, \ldots, \boldsymbol{x}_1, \boldsymbol{x}_0)$ などと表記することもある．

$\boldsymbol{X}_t$ に対する条件付き確率密度関数は

$$p(\boldsymbol{x}_n, t_n; \ldots, \boldsymbol{x}_{m+1}, t_{m+1}|\boldsymbol{x}_m, t_m; \ldots; \boldsymbol{x}_0, t_0)$$
$$= \frac{p(\boldsymbol{x}_n, t_n; \ldots; \boldsymbol{x}_0, t_0)}{p(\boldsymbol{x}_m, t_m; \ldots; \boldsymbol{x}_0, t_0)}$$

で与えられる．さらに，任意の i, j に対して $\boldsymbol{X}_i, \boldsymbol{X}_j$ が独立である場合

$$p(\boldsymbol{x}_n, t_n; \ldots; \boldsymbol{x}_1, t_1; \boldsymbol{x}_0, t_0) = \prod_{i=0}^{n} p(\boldsymbol{x}_i, t_i)$$

が成り立つ．

　確率過程に対する確率密度関数の具体例として，1 次元ブラウン運動 W_t に対する正規分布

$$p(x_t, t|x_s = x', s) = \frac{1}{\sqrt{2\pi(t-s)}} \, e^{-\frac{(x-x')^2}{2(t-s)}}$$

があげられる．これは，時刻 $s\,(< t)$ において $X_s = x'$ という条件の下で，時刻 t における X_t のしたがう確率密度関数が，ブラウン運動の定義から正規分布で与えられることを表している．

3.2　マルコフ過程

　ここでは，確率過程の重要な性質であるマルコフ性について説明する．マルコフ性にしたがう条件付き確率密度関数 $p(\boldsymbol{x}_n, t_n|\boldsymbol{x}_{n-1}, t_{n-1}; \ldots; \boldsymbol{x}_0, t_0)$ において

$$p(\boldsymbol{x}_n, t_n|\boldsymbol{x}_{n-1}, t_{n-1}; \ldots; \boldsymbol{x}_0, t_0) = p(\boldsymbol{x}_n, t_n|\boldsymbol{x}_{n-1}, t_{n-1}) \tag{3.1}$$

が成り立つ．式 (3.1) を満たす確率過程を**マルコフ過程**という．マルコフ過程は，「現在の状態は，直前の過去からのみ影響を受ける」ことを意味しており，実応用されている確率過程のほとんどがマルコフ過程である．一方，マルコフ性を満たさない確率過程（**非マルコフ過程**（non-Markov process）と呼ばれることがある）においては，現在の状態が過去全体の状態の履歴に依存している．

　同時確率密度関数の性質から，$t_1 < t_2$ に対して

$$p(\boldsymbol{x}_2, t_2; \boldsymbol{x}_1, t_1) = p(\boldsymbol{x}_2, t_2|\boldsymbol{x}_1, t_1)\, p(\boldsymbol{x}_1, t_1)$$

であるから，両辺を $\boldsymbol{x}_1$ について周辺化すると

$$p(\boldsymbol{x}_2, t_2) = \int p(\boldsymbol{x}_2, t_2|\boldsymbol{x}_1, t_1)\, p(\boldsymbol{x}_1, t_1)\, d\boldsymbol{x}_1$$

という関係が得られる．この関係はすべての確率過程に対して一般的に成立する．よって，$t_1 < t_2 < t_3$ に対して，同時確率密度関数は

$$p(\boldsymbol{x}_3, t_3; \boldsymbol{x}_2, t_2; \boldsymbol{x}_1, t_1)$$
$$= p(\boldsymbol{x}_3, t_3|\boldsymbol{x}_2, t_2; \boldsymbol{x}_1, t_1)\, p(\boldsymbol{x}_2, t_2|\boldsymbol{x}_1, t_1)\, p(\boldsymbol{x}_1, t_1)$$

を満たす．ここで，確率過程 $\boldsymbol{X}_t$ がマルコフ過程であるときには

$$p(\boldsymbol{x}_3, t_3|\boldsymbol{x}_2, t_2; \boldsymbol{x}_1, t_1) = p(\boldsymbol{x}_3, t_3|\boldsymbol{x}_2, t_2)$$

が成り立つので

$$p(\boldsymbol{x}_3, t_3; \boldsymbol{x}_2, t_2; \boldsymbol{x}_1, t_1) = p(\boldsymbol{x}_3, t_3|\boldsymbol{x}_2, t_2)\, p(\boldsymbol{x}_2, t_2|\boldsymbol{x}_1, t_1)\, p(\boldsymbol{x}_1, t_1)$$

となる．この式の両辺を $\boldsymbol{x}_2$ について周辺化すると

$$p(\boldsymbol{x}_3, t_3; \boldsymbol{x}_1, t_1) = \int p(\boldsymbol{x}_3, t_3|\boldsymbol{x}_2, t_2)\, p(\boldsymbol{x}_2, t_2|\boldsymbol{x}_1, t_1)\, d\boldsymbol{x}_2\, p(\boldsymbol{x}_1, t_1)$$

となるので，$\boldsymbol{x}_1$ についての $\boldsymbol{x}_3$ の条件付き確率密度関数として

$$p(\boldsymbol{x}_3, t_3|\boldsymbol{x}_1, t_1) = \int p(\boldsymbol{x}_3, t_3|\boldsymbol{x}_2, t_2)\, p(\boldsymbol{x}_2, t_2|\boldsymbol{x}_1, t_1)\, d\boldsymbol{x}_2 \tag{3.2}$$

が得られる．

式 (3.2) は**チャップマン・コルモゴロフ方程式**（Chapman–Kolmogorov equation）と呼ばれるもので，マルコフ過程における最も基本的な方程式の 1 つである．式 (3.2) は積分方程式であるが，適切な初期・境界値条件に対して解くことによって，対象とするマルコフ過程の確率密度関数を求めることができる．

連続な確率過程 $\boldsymbol{X}_t$ が時刻 t において $\boldsymbol{X}_t = \boldsymbol{z}$ であったとき，時刻 $t + \Delta t$ における $\boldsymbol{X}_{t+\Delta t}$ は十分小さな正の実数 ε に対して $\|\boldsymbol{x} - \boldsymbol{z}\| \leq \varepsilon$ の範囲内に確率 1 で存在しなければならない．したがって，確率密度関数は

$$\lim_{\Delta t \to 0} \frac{1}{\Delta t} \int_{\|\boldsymbol{x}-\boldsymbol{y}\|>\varepsilon} p(\boldsymbol{x}, t+\Delta t|\boldsymbol{y}, t)\, d\boldsymbol{x} = 0$$

を満たす必要がある.

　また，以下の条件が満たされる場合にはチャップマン・コルモゴロフ方程式の微分形が与えられる．ただし，ε は任意の正の実数とする.

- $\|\boldsymbol{x} - \boldsymbol{z}\| \geq \varepsilon$ を満たす $\boldsymbol{x}$ と $\boldsymbol{z}$ に対して
$$\lim_{\Delta t \to 0} \frac{p(\boldsymbol{x},\, t + \Delta t | \boldsymbol{z},\, t)}{\Delta t} = W(\boldsymbol{x}|\boldsymbol{z},\, t)$$
　が一様収束の意味で存在する
- $\boldsymbol{x} - \boldsymbol{z}$ の 1 次モーメントについて
$$\lim_{\Delta t \to 0} \frac{1}{\Delta t} \int_{\|\boldsymbol{x}-\boldsymbol{z}\|<\varepsilon} (x_i - z_i)\, p(\boldsymbol{x},\, t + \Delta t | \boldsymbol{z},\, t)\, d\boldsymbol{x} = A_i(\boldsymbol{z},\, t) + O(\varepsilon)$$
　を満たす $A_i(\boldsymbol{z},\, t)$ $(1 \leq i \leq n)$ が存在する
- $\boldsymbol{x} - \boldsymbol{z}$ の 2 次モーメントについて
$$\lim_{\Delta t \to 0} \frac{1}{\Delta t} \int_{\|\boldsymbol{x}-\boldsymbol{z}\|<\varepsilon} (x_i - z_i)(x_j - z_j)\, p(\boldsymbol{x},\, t + \Delta t | \boldsymbol{z},\, t)\, d\boldsymbol{x}$$
$$= B_{ij}(\boldsymbol{z},\, t) + O(\varepsilon)$$
　を満たす $B_{ij}(\boldsymbol{z},\, t)$ $(1 \leq i,\, j \leq n)$ が存在する

チャップマン・コルモゴロフ方程式の微分形は次のとおりである.

$$\frac{\partial p(\boldsymbol{z},\, t | \boldsymbol{y},\, s)}{\partial t} = - \sum_{i=1}^{n} \frac{\partial}{\partial z_i} [A_i(\boldsymbol{z},\, t)\, p(\boldsymbol{z},\, t | \boldsymbol{y},\, s)]$$
$$+ \frac{1}{2} \sum_{i,j=1}^{n} \frac{\partial^2}{\partial z_i \partial z_j} [B_{ij}(\boldsymbol{z},\, t)\, p(\boldsymbol{z},\, t | \boldsymbol{y},\, s)]$$
$$+ \int [W(\boldsymbol{z}|\boldsymbol{x},\, t)\, p(\boldsymbol{x},\, t | \boldsymbol{y},\, s) - W(\boldsymbol{x}|\boldsymbol{z},\, t)\, p(\boldsymbol{z},\, t | \boldsymbol{y},\, s)]\, d\boldsymbol{x}$$

$$(3.3)$$

　式 (3.3) は以下のように導出される．まず，十分なめらかで，かつ，境界付近においては 0 に収束する関数 $f(\boldsymbol{x})$ の条件付き確率密度関数 $p(\boldsymbol{x},\, t | \boldsymbol{y},\, s)$ に関する期待値の時間微分から

$$\frac{\partial}{\partial t} \int f(\boldsymbol{x})\, p(\boldsymbol{x}, t|\boldsymbol{y}, s)\, d\boldsymbol{x}$$

$$= \lim_{\Delta t \to 0} \frac{1}{\Delta t} \int f(\boldsymbol{x})\, [p(\boldsymbol{x}, t+\Delta t|\boldsymbol{y}, s) - p(\boldsymbol{x}, t|\boldsymbol{y}, s)]\, d\boldsymbol{x}$$

$$= \lim_{\Delta t \to 0} \frac{1}{\Delta t} \left[\iint f(\boldsymbol{x})\, p(\boldsymbol{x}, t+\Delta t|\boldsymbol{z}, t)\, p(\boldsymbol{z}, t|\boldsymbol{y}, s)\, d\boldsymbol{x}\, d\boldsymbol{z} \right.$$

$$\left. - \int f(\boldsymbol{z})\, p(\boldsymbol{z}, t|\boldsymbol{y}, s)\, d\boldsymbol{z} \right]$$

が得られる．続いて，変数 $\boldsymbol{x}$ についての積分範囲を $\|\boldsymbol{x}-\boldsymbol{z}\| \geq \varepsilon$ と $\|\boldsymbol{x}-\boldsymbol{z}\| < \varepsilon$ に分割すると，$\|\boldsymbol{x} - \boldsymbol{z}\| < \varepsilon$ においては，$f(\boldsymbol{x})$ は十分なめらかであるという仮定から

$$f(\boldsymbol{x}) = f(\boldsymbol{z}) + \sum_{i=1}^{n} \frac{\partial f(\boldsymbol{z})}{\partial x_i}(x_i - z_i) + \frac{1}{2} \sum_{i,j=1}^{n} \frac{\partial^2 f(\boldsymbol{z})}{\partial x_i \partial x_j}(x_i - z_i)(x_j - z_j)$$

$$+ \|\boldsymbol{x} - \boldsymbol{z}\|^2 R(\boldsymbol{x}, \boldsymbol{z})$$

と展開することができる．

ここで，剰余項は $\|\boldsymbol{x} - \boldsymbol{z}\| \to 0$ のときに $R(\boldsymbol{x}, \boldsymbol{z}) \to 0$ を満たす．これより

$$\iint f(\boldsymbol{x})\, p(\boldsymbol{x}, t+\Delta t|\boldsymbol{z}, t)\, p(\boldsymbol{z}, t|\boldsymbol{y}, s)\, d\boldsymbol{x}\, d\boldsymbol{z} - \int f(\boldsymbol{z})\, p(\boldsymbol{z}, t|\boldsymbol{y}, s)\, d\boldsymbol{z}$$

$$= \iint_{\|\boldsymbol{x}-\boldsymbol{z}\|<\varepsilon} \left[\sum_{i=1}^{n} \frac{\partial f(\boldsymbol{z})}{\partial x_i}(x_i - z_i) + \frac{1}{2} \sum_{i,j=1}^{n} \frac{\partial^2 f(\boldsymbol{z})}{\partial x_i \partial x_j}(x_i - z_i)(x_j - z_j) \right]$$

$$\times p(\boldsymbol{x}, t+\Delta t|\boldsymbol{z}, t)\, p(\boldsymbol{z}, t|\boldsymbol{y}, s)\, d\boldsymbol{x}\, d\boldsymbol{z}$$

$$+ \iint_{\|\boldsymbol{x}-\boldsymbol{z}\|<\varepsilon} \|\boldsymbol{x} - \boldsymbol{z}\|^2 R(\boldsymbol{x}, \boldsymbol{z})\, p(\boldsymbol{x}, t+\Delta t|\boldsymbol{z}, t)\, p(\boldsymbol{z}, t|\boldsymbol{y}, s)\, d\boldsymbol{x}\, d\boldsymbol{z}$$

$$+ \iint_{\|\boldsymbol{x}-\boldsymbol{z}\|\geq\varepsilon} f(\boldsymbol{x})\, p(\boldsymbol{x}, t+\Delta t|\boldsymbol{z}, t)\, p(\boldsymbol{z}, t|\boldsymbol{y}, s)\, d\boldsymbol{x}\, d\boldsymbol{z}$$

$$+ \iint_{\|\boldsymbol{x}-\boldsymbol{z}\|<\varepsilon} f(\boldsymbol{z})\, p(\boldsymbol{x}, t+\Delta t|\boldsymbol{z}, t)\, p(\boldsymbol{z}, t|\boldsymbol{y}, s)\, d\boldsymbol{x}\, d\boldsymbol{z}$$

$$- \iint f(\boldsymbol{z})\, p(\boldsymbol{x}, t+\Delta t|\boldsymbol{z}, t)\, p(\boldsymbol{z}, t|\boldsymbol{y}, s)\, d\boldsymbol{x}\, d\boldsymbol{z}$$

となるので，右辺の各項を Δt で除した後，$\Delta t \to 0$ の極限を評価する．第1項，第2項については $f(\boldsymbol{x})$ は十分なめらかであるという仮定より

$$\int \left[\sum_{i=1}^{n} A_i(\boldsymbol{z}, t)\, \frac{\partial f(\boldsymbol{z})}{\partial x_i} + \frac{1}{2} \sum_{i,j=1}^{n} B_{ij}(\boldsymbol{z}, t)\, \frac{\partial^2 f(\boldsymbol{z})}{\partial x_i \partial x_j} \right] p(\boldsymbol{z}, t|\boldsymbol{y}, s)\, d\boldsymbol{z} + O(\varepsilon)$$

と評価することができる．また，第 3 項の $\boldsymbol{x}$ についての積分は

$$\left| \frac{1}{\Delta t} \int_{\|\boldsymbol{x}-\boldsymbol{z}\|<\varepsilon} \|\boldsymbol{x}-\boldsymbol{z}\|^2 R(\boldsymbol{x}, \boldsymbol{z})\, p(\boldsymbol{x}, t+\Delta t|\boldsymbol{z}, t)\, d\boldsymbol{x} \right|$$

$$\leq \left[\frac{1}{\Delta t} \int_{\|\boldsymbol{x}-\boldsymbol{z}\|<\varepsilon} \|\boldsymbol{x}-\boldsymbol{z}\|^2 p(\boldsymbol{x}, t+\Delta t|\boldsymbol{z}, t)\, d\boldsymbol{x} \right] \times \max_{\|\boldsymbol{x}-\boldsymbol{z}\|<\varepsilon} R(\boldsymbol{x}, \boldsymbol{z})$$

$$\rightarrow \left[\sum_{i=1}^{n} B_{i,i}(\boldsymbol{z}, t) + O(\varepsilon) \right] \times \max_{\|\boldsymbol{x}-\boldsymbol{z}\|<\varepsilon} R(\boldsymbol{x}, \boldsymbol{z}) \qquad (\Delta t \rightarrow 0)$$

によって上から抑えられるため，$\varepsilon \rightarrow 0$ では 0 に収束することがわかる．第 4，5，6 項も $f(\boldsymbol{x})$ は十分なめらかであるという仮定より

$$\iint_{\|\boldsymbol{x}-\boldsymbol{z}\|\geq\varepsilon} [W(\boldsymbol{z}|\boldsymbol{x}, t)\, p(\boldsymbol{x}, t|\boldsymbol{y}, s) - W(\boldsymbol{x}|\boldsymbol{z}, t)\, p(\boldsymbol{z}, t|\boldsymbol{y}, s)]\, d\boldsymbol{x}\, d\boldsymbol{z}$$

に収束する．これらの結果を合わせた後に $\varepsilon \rightarrow 0$ の極限をとると

$$\frac{\partial}{\partial t} \int f(\boldsymbol{z})\, p(\boldsymbol{z}, t|\boldsymbol{y}, s)\, d\boldsymbol{z}$$

$$= \int \left[\sum_{i=1}^{n} A_i(\boldsymbol{z}, t)\, \frac{\partial f(\boldsymbol{z})}{\partial x_i} + \frac{1}{2} \sum_{i,j=1}^{n} B_{ij}(\boldsymbol{z}, t)\, \frac{\partial^2 f(\boldsymbol{z})}{\partial x_i \partial x_j} \right] p(\boldsymbol{z}, t|\boldsymbol{y}, s)\, d\boldsymbol{z}$$

$$+ \int f(\boldsymbol{z}) \Big\{ \text{p.v.} \int [W(\boldsymbol{z}|\boldsymbol{x}, t)\, p(\boldsymbol{x}, t|\boldsymbol{y}, s)$$

$$- W(\boldsymbol{x}|\boldsymbol{z}, t)\, p(\boldsymbol{z}, t|\boldsymbol{y}, s)]\, d\boldsymbol{x} \Big\} d\boldsymbol{z}$$

となる．ここで

$$\text{p.v.} \int \varphi(\boldsymbol{x}, \boldsymbol{z})\, d\boldsymbol{x} = \lim_{\varepsilon \rightarrow 0} \int_{\|\boldsymbol{x}-\boldsymbol{z}\|>\varepsilon} \varphi(\boldsymbol{x}, \boldsymbol{z})\, d\boldsymbol{x}$$

は $\varphi(\boldsymbol{x}, \boldsymbol{z})$ のコーシーの主値を表す．さらに，右辺第 1 項，第 2 項に対して部分積分を行うと

$$
\int f(\boldsymbol{z}) \, \frac{\partial p(\boldsymbol{z}, t | \boldsymbol{y}, s)}{\partial t}
$$

$$
= \int f(\boldsymbol{z}) \left\{ - \sum_{i=1}^{n} \frac{\partial}{\partial x_i} [A_i(\boldsymbol{z}, t) \, p(\boldsymbol{z}, t | \boldsymbol{y}, s)] \right.
$$

$$
+ \frac{1}{2} \sum_{i,j=1}^{n} \frac{\partial^2}{\partial x_i \partial x_j} [B_{ij}(\boldsymbol{z}, t) \, p(\boldsymbol{z}, t | \boldsymbol{y}, s)] \left. \right\} d\boldsymbol{z}
$$

$$
+ \int f(\boldsymbol{z}) \left\{ \text{p.v.} \int [W(\boldsymbol{z} | \boldsymbol{x}, t) \, p(\boldsymbol{x}, t | \boldsymbol{y}, s) \right.
$$

$$
\left. - W(\boldsymbol{x} | \boldsymbol{z}, t) \, p(\boldsymbol{z}, t | \boldsymbol{y}, s)] \, d\boldsymbol{x} \right\} d\boldsymbol{z}
$$

が得られる．これが任意の $f(\boldsymbol{z})$ に対して成り立つことから式 (3.3) が導出される．

実際のマルコフ仮定の応用では，式 (3.2) が直接使用されることはまれであり，かわって式 (3.3) が使用されている．特に式 (3.3) において

$$
B(\boldsymbol{z}, t) = 0, \quad W(\boldsymbol{x} | \boldsymbol{z}, t) = W(\boldsymbol{z} | \boldsymbol{x}, t) = 0
$$

を満たすものは**リウヴィル方程式**（Liouville's equation）と呼ばれている．リウヴィル方程式は古典力学の多体問題において，相空間[*2]上で定義された密度関数の解析に使用されている．このほか

$$
W(\boldsymbol{x} | \boldsymbol{z}, t) = W(\boldsymbol{z} | \boldsymbol{x}, t) = 0
$$

を満たすものは**フォッカー・プランク方程式**（Fokker–Planck equation）あるいは**コルモゴロフの前進方程式**（Kolmogorov's forward equation）と呼ばれており，確率微分方程式の解に対応する確率密度関数を求める際に使用されている．さらに

$$
A(\boldsymbol{z}, t) = 0, \quad B(\boldsymbol{z}, t) = 0
$$

を満たすものは**マスター方程式**（master equation）と呼ばれており，離散状態の確率過程に対する確率分布関数の時間発展を解析する際に使用されている．

さて，上記のチャップマン・コルモゴロフ方程式の微分形の導出において前向き方向の時間発展を考えたが，後ろ向き方向の時間発展も同様の手続きで導

---

*2　解析力学では，位置と運動量を一般化した一般化座標と一般化運動という量によって運動を記述する．これら一般化座標と一般化運動量で表される座標系（空間）を相空間という．

出される．つまり

$$
\frac{\partial}{\partial s} \int f(\boldsymbol{x})\, p(\boldsymbol{x},\, t | \boldsymbol{y},\, s)\, d\boldsymbol{x}
$$

$$
= \lim_{\Delta s \to 0} \frac{1}{\Delta s} \int f(\boldsymbol{x})\, [p(\boldsymbol{x},\, t | \boldsymbol{y},\, s + \Delta s) - p(\boldsymbol{x},\, t | \boldsymbol{y},\, s)]\, d\boldsymbol{x}
$$

に対して，前向き方向の時間発展と同様の手続きを行うことで

$$
\frac{\partial p(\boldsymbol{x},\, t | \boldsymbol{y},\, s)}{\partial s} = - \sum_{i=1}^{n} A_i(\boldsymbol{y},\, s)\, \frac{\partial p(\boldsymbol{x},\, t | \boldsymbol{y},\, s)}{\partial y_i}
$$

$$
- \frac{1}{2} \sum_{i,j=1}^{n} B_{ij}(\boldsymbol{y},\, s)\, \frac{\partial^2 p(\boldsymbol{z},\, t | \boldsymbol{y},\, s)}{\partial y_i \partial y_j}
$$

$$
+ \int W(\boldsymbol{z} | \boldsymbol{y},\, s)[p(\boldsymbol{x},\, t | \boldsymbol{y},\, s) - p(\boldsymbol{x},\, t | \boldsymbol{z},\, s)]\, d\boldsymbol{z}
$$

が得られる．

　ここでチャップマン・コルモゴロフ方程式を満たす確率密度関数 $p(\boldsymbol{z},\, t | \boldsymbol{y},\, s)$ の $t \to \infty$ における確率密度関数を**定常確率密度関数**という．これは特に微分形（式 (3.3)）において，$A(\boldsymbol{z},\, t)$ および $B(\boldsymbol{z},\, t)$ が時間 t に依存せずに $A(\boldsymbol{z})$ および $B(\boldsymbol{z})$ となるときの，$\frac{\partial p}{\partial t} = 0$ を満たす定常解として得られる．この条件を満たす確率過程を，**同次確率過程**（homogeneous stochastic process）という．

　定常確率過程の統計量は，時間の平行移動に対して不変である．すなわち，$\tau > 0$ としたときに，確率密度関数に対して

$$
p(\boldsymbol{x},\, t;\, \boldsymbol{y},\, s) = p(\boldsymbol{x},\, t + \tau;\, \boldsymbol{y},\, s + \tau)
$$

が成り立つ．したがって，定常確率過程の統計量は，時間差 $t - s$ に依存する確率密度関数 $p(\boldsymbol{x},\, t - s;\, \boldsymbol{y})$ から求めることできる．

　また，定常確率過程の重要な性質として**エルゴード性**（ergodicity）があげられる．これは，長時間の極限において，時間平均と統計平均が一致することを意味する．定常確率過程 $\boldsymbol{X}_t$ が $t \geq 0$ で与えられているときに，関数 $\varphi(\boldsymbol{x})$ の $0 \leq t \leq T$ における時間平均は

$$
\frac{1}{T} \int_0^T \varphi(\boldsymbol{X}_t)\, dt
$$

で求められる. ここで, 時間平均もまた確率変数であることに注意する. エルゴード性が満たされているときには

$$\mathbb{E}\left[\lim_{T\to\infty} \frac{1}{T}\int_0^T \varphi(\boldsymbol{X}_t)\ dt\right] = \int \varphi(\boldsymbol{x})\ p_s(\boldsymbol{x})\ d\boldsymbol{x}$$

が成り立つ. ここで, $p_s(\cdot)$ は定常確率密度関数である.

　観測された時系列データを統計処理する際, 個々の標本時系列に対して時間平均にもとづいた統計量を算出するが, これは対象とする時系列データがエルゴード性を満たすことを暗に仮定している. すわなち, 1個の標本時系列から得られる時間平均量で統計量を代替していることに相当する. 本来であれば, N 個の標本時系列を取得したうえで, 同時刻における各標本の統計平均によって統計量を求める必要がある.

3.3　フォッカー・プランク方程式の導出

　前節において, チャップマン・コルモゴロフ方程式の特別なケースとしてフォッカー・プランク方程式を導出した. フォッカー・プランク方程式は, 以下のように, 確率微分方程式の解として与えられる確率過程に対応する確率密度関数の時間発展を記述する.

　確率過程 $\boldsymbol{X}_t$ が確率微分方程式

$$d\boldsymbol{X} = \boldsymbol{F}(t,\ \boldsymbol{X})\ dt + \boldsymbol{G}(t,\ \boldsymbol{X})\ d\boldsymbol{W} \tag{3.4}$$

の解であるとする. ここで初期条件として $t=0$ において確率 1 で $\boldsymbol{X}_0 = \boldsymbol{x}_0$ とする. このとき, 確率過程 $\boldsymbol{X}_t$ に対応する条件付き確率密度関数を, $p(\boldsymbol{x}, t) = p(\boldsymbol{x}, t|\boldsymbol{x}_0, 0)$ として, 確率過程 $\boldsymbol{X}_t$ の関数 $\varphi(\boldsymbol{X}_t)$ の条件付き期待値

$$\mathbb{E}[\varphi(\boldsymbol{X}_t)] = \int \varphi(\boldsymbol{x})\ p(\boldsymbol{x},\ t)\ d\boldsymbol{x}$$

の時間発展について考える. まず, 伊藤の公式 (式 (2.16), 27ページ) から

$$d\varphi = \left(\sum_{j=1}^n \frac{\partial\varphi}{\partial x_j}F_j + \frac{1}{2}\sum_{j,k,l=1}^n \frac{\partial^2\varphi}{\partial x_j\partial x_k}\ G_{j,l}\ G_{k,l}\right) dt$$
$$+ \sum_{j=1}^n\sum_{k=1}^m \frac{\partial\varphi}{\partial x_j}\ G_{j,k}\ dW_k$$

である．上式の両辺の期待値をとると*3

$$dE[\varphi] = E\left[\sum_{j=1}^{n} \frac{\partial\varphi}{\partial x_j} F_j + \frac{1}{2}\sum_{j,k,l=1}^{n} \frac{\partial^2\varphi}{\partial x_j \partial x_k} G_{j,l}\ G_{k,l}\right]\ dt$$

が得られる．さらに，期待値を条件付き確率密度関数で置き換えると

$$\frac{d}{dt}\int \varphi(\boldsymbol{x})\ p(\boldsymbol{x},\ t)\ d\boldsymbol{x}$$

$$= \int \left(\sum_{j=1}^{n} \frac{\partial\varphi}{\partial x_j} F_j + \frac{1}{2}\sum_{j,k,l=1}^{n} \frac{\partial^2\varphi}{\partial x_j \partial x_k} G_{j,l}\ G_{k,l}\right) p(\boldsymbol{x},\ t)\ d\boldsymbol{x}$$

となるが，$p(\boldsymbol{x},\ t)$ を境界で 0 とすると，右辺を部分積分することによって

$$\frac{d}{dt}\int \varphi(\boldsymbol{x})\ p(\boldsymbol{x},\ t)\ d\boldsymbol{x} = \int \varphi(\boldsymbol{x})\left(-\sum_{j=1}^{n} \frac{\partial}{\partial x_j}[F_j\ p(\boldsymbol{x},\ t)]\right.$$

$$\left. + \frac{1}{2}\sum_{j,k,l=1}^{n} \frac{\partial^2}{\partial x_j \partial x_k}[G_{j,l}\ G_{k,l}\ p(\boldsymbol{x},\ t)]\right)\ d\boldsymbol{x}$$

となる．ここで

$$D_{j,k}(\boldsymbol{x},\ t) = \sum_{l=1}^{n} G_{j,l}(\boldsymbol{x},\ t)\ G_{k,l}(\boldsymbol{x},\ t) \tag{3.5}$$

とし

$$\frac{d}{dt}\int \varphi(\boldsymbol{x})\ p(\boldsymbol{x},\ t)\ d\boldsymbol{x} = \int \varphi(\boldsymbol{x})\ \frac{\partial p(\boldsymbol{x},\ t)}{\partial t}\ d\boldsymbol{x}$$

であることに注意すると，フォッカー・プランク方程式は

$$\frac{\partial p(\boldsymbol{x},\ t)}{\partial t} = -\sum_{j=1}^{n} \frac{\partial}{\partial x_j}[F_j(\boldsymbol{x},\ t)\ p(\boldsymbol{x},\ t)]$$

$$+ \frac{1}{2}\sum_{j,k=1}^{n} \frac{\partial^2}{\partial x_j \partial x_k}[D_{j,k}(\boldsymbol{x},\ t)\ p(\boldsymbol{x},\ t)] \tag{3.6}$$

と表される．確率微分方程式（式 (3.4)）が与えられたときは，式 (3.5) から $D_{i,j}(\cdot,\ \cdot)$ を求め，式 (3.6) によって対応するフォッカー・プランク方程式が得られる．

---

*3　期待値演算と微分は可換であることから，$E[d\varphi] = dE[\varphi]$ としていることに注意する．

3.4 フォッカー・プランク方程式の解法

フォッカー・プランク方程式（式 (3.6)）を解くことで，対応する確率微分方程式の解がしたがう確率密度関数を求めることができる．

3.4.1 1 変数の場合

ここでは，1 変数で非同次の場合のフォッカー・プランク方程式

$$\frac{\partial p(x,\,t)}{\partial t} = -\frac{\partial}{\partial x}[F(x)\,p(x,\,t)] + \frac{1}{2}\frac{\partial^2}{\partial x^2}[D(x)\,p(x,\,t)] \tag{3.7}$$

について考える．まず定常状態，すなわち $\dfrac{\partial p(x,\,t)}{\partial t} = 0$ となる場合を考える．このとき，フォッカー・プランク方程式は

$$0 = -\frac{d}{dx}[F(x)\,p_s(x)] + \frac{1}{2}\frac{d^2}{dx^2}[D(x)\,p_s(x)] \tag{3.8}$$

となる．簡単のため，境界条件を $p_s(x) \to 0 \ (x \to \pm\infty)$ とする．式 (3.8) の両辺を x について積分すると

$$\frac{1}{D(x)\,p_s(x)}\frac{d}{dx}[D(x)\,p_s(x)] = \frac{2F(x)}{D(x)}$$

となる．さらに，両辺を x について積分すると

$$\log[D(x)\,p_s(x)] = 2\int^x \frac{F(x')}{D(x')}\,dx'$$

となる．ここで，確率密度関数が規格化条件

$$\int_{-\infty}^{\infty} p_s(x)\,dx = 1$$

を満たすように規格化因子 Z を導入すると，定常確率密度関数

$$p_s(x) = \frac{1}{Z}\frac{1}{D(x)}\exp\left(2\int^x \frac{F(x')}{D(x')}\,dx'\right)$$

が得られる．以上が，定常確率密度関数の導出方法である．

次に，フォッカー・プランク方程式の解である推移確率密度関数 $p(x,\,t)$ を求める．$p(x,\,t) = p_s(x)\,q(x,\,t)$ を式 (3.7) に代入すると，$q(x,\,t)$ についての**コルモゴロフの後退方程式**（Kolmogorov's backward equation）

$$\frac{\partial q(x,\,t)}{\partial t} = -F(x)\,\frac{\partial q(x,\,t)}{\partial x} - \frac{1}{2}\,D(x)\,\frac{\partial^2 q(x,\,t)}{\partial x^2} \tag{3.9}$$

が得られる*4. ここで，変数分離 $q(x,\,t) = \phi(x)\,\xi(t)$ を導入すると

$$\frac{1}{\xi(t)}\,\frac{d\xi(t)}{dt} = -\frac{1}{\phi(x)}\left[F(x)\frac{d\phi(x)}{dx} + \frac{1}{2}\,D(x)\frac{d^2\phi(x)}{dx^2}\right] \tag{3.10}$$

となる. 式 (3.10) の左辺と右辺はそれぞれ t, x のみの関数であるから，定数 λ を導入することで常微分方程式の組

$$\frac{d\xi(t)}{dt} + \lambda\,\xi(t) = 0 \tag{3.11a}$$

$$\frac{1}{2}\,D(x)\frac{d^2\phi(x)}{dx^2} + F(x)\frac{d\phi(x)}{dx} - \lambda\phi(x) = 0 \tag{3.11b}$$

が得られる. このうち，式 (3.11a) は $\xi(t)$ についての定数係数の常微分方程式であることから，容易に解くことができて

$$\xi(t) = e^{-\lambda t}$$

となる. 一方，式 (3.11b) は変数係数の常微分方程式であることから，$F(x)$ と $D(x)$ を具体的に与えることよって解が求められる. また，形式的には $\phi(x)$ は 2 つの基本解の線形結合によって

$$\phi(x) = A\phi^{(1)}(x) + B\phi^{(2)}(x)$$

と表される. ここで，A と B は与えられた境界条件によって定められる定数である. 以上により，式 (3.9) の解は

$$q(x,\,t) = \sum_n [A_n\phi_n^{(1)}(x) + B_n\phi_n^{(2)}(x)]\,e^{-\lambda_n t}$$
$$+ \int [A_\lambda\,\phi_\lambda^{(1)}(x) + B_\lambda\,\phi_\lambda^{(2)}(x)]\,e^{-\lambda t}\,d\lambda \tag{3.12}$$

と固有関数展開によって表現されることがわかる. ここで，$\{\lambda_n,\ \phi_n^{(1)}(\cdot),\ \phi_n^{(2)}(\cdot)\}$ は離散固有値に対応した固有関数の組で，$\{\lambda,\ \phi_\lambda^{(1)}(\cdot),\ \phi_\lambda^{(2)}(\cdot)\}$ は連続スペクトルに対応した固有関数の組である.

　式 (3.12) における離散固有値と連続スペクトルの出現の有無は，**シュレーディンガー方程式**（Schrödinger equation）のポテンシャルの形状から調べる

---

*4　コルモゴロフの後退方程式に変形せずに推移確率密度関数を求めることも可能であるが，変形することでドリフト項と拡散項を微分記号の前に出せるため，計算が容易になる.

ことができる．ここで，1 次元の確率微分方程式

$$dX = F(X) \, dt + G(X) \, dW$$

に対して，変数変換

$$Y(X) = \sqrt{2} \int^X \frac{dX'}{G(X')}$$

を行うと，伊藤の公式（式 (2.15)，26 ページ）より

$$\begin{aligned}
dY &= \frac{dY}{dX} \, dX + \frac{d^2Y}{dX^2}(dX)^2 \\
&= \left[\sqrt{2} \, \frac{F(X)}{G(X)} - \frac{1}{\sqrt{2}} \frac{dG}{dX} \right] dt + \sqrt{2} \, dW
\end{aligned}$$

が得られる．さらに，逆変換によって $X = X(Y)$ として

$$\frac{dU}{dY} = - \left[\sqrt{2} \, \frac{F(X(Y))}{G(X(Y))} - \frac{1}{\sqrt{2}} \frac{dG(X(Y))}{dX} \right]$$

を満たす関数 $U(Y)$ を導入すると

$$dY = -\frac{dU}{dY} \, dt + \sqrt{2} \, dW$$

が得られる．この変換された変数 Y についてのフォッカー・プランク方程式
は

$$\frac{\partial p}{\partial t} = \frac{\partial}{\partial y} \left(\frac{dU}{dy} \, p \right) + \frac{\partial^2 p}{\partial y^2} \tag{3.13}$$

であるので，定常状態における確率密度関数は

$$p_s(y) = \frac{1}{Z} \exp\left(-U(y) \right)$$

として得られる．ただし，Z は全確率が 1 となるための規格化因子である．
また

$$p(y, \, t) = \psi(y, \, t)\sqrt{p_s(y)}$$

によって与えられる関数 $\psi(y, \, t)$ を導入し，この関係式を式 (3.13) に代入す
ると

$$-\frac{\partial \psi}{\partial t} = -\frac{\partial^2 \psi}{\partial y^2} + V(y)\,\psi$$

$$V(y) = \frac{1}{2}\frac{d^2 U}{dy^2} - \frac{1}{4}\left(\frac{dU}{dy}\right)^2$$

となる．これは $V(y)$ をポテンシャルとする虚数時間のシュレーディンガー方程式である．ここで

$$\psi(y,\,t) = e^{-\lambda t}\,\phi(y)$$

によって変数分離を行うと，定常状態のシュレーディンガー方程式

$$-\frac{d^2 \phi}{dy^2} + V(y)\phi = \lambda\phi$$

が得られる．上記の変数分離の際に現れた λ は式 (3.10) における λ と同一のものである．したがって，無限遠方 $|y| \to \infty$ でのポテンシャル $V(y)$ の挙動によって，連続スペクトルの有無を調べることができる[*5]．

3.4.2　多変数の場合

ここでは多変数のフォッカー・プランク方程式

$$\frac{\partial p(\boldsymbol{x},\,t)}{\partial t} = -\sum_{i=1}^{n}\frac{\partial}{\partial x_i}[F_i(\boldsymbol{x},\,t)\,p(\boldsymbol{x},\,t)]$$
$$+ \frac{1}{2}\sum_{i,j=1}^{n}\frac{\partial^2}{\partial x_i \partial x_j}[D_{ij}(\boldsymbol{x},\,t)\,p(\boldsymbol{x},\,t)] \tag{3.14}$$

を対象とする．1 変数の場合とは異なり，多変数の場合には境界値条件が各変数ごとに与えられるため，扱いは困難となる．まずは簡単のため，定常解と境界条件の関係についてみる．

確率流速 $\boldsymbol{J} = [J_1,\,J_2,\,\ldots,\,J_n]$ を導入すると，フォッカー・プランク方程式は連続の式

$$\frac{\partial p(\boldsymbol{x},\,t)}{\partial t} + \sum_{i=1}^{n}\frac{\partial J_i}{\partial x_i} = 0$$

[*5]　$|y| \to \infty$ において，i) $V(y) \to 0$ であれば連続スペクトルが存在し，ii) $V(y) \to \infty$ であれば存在しない．数学的に厳密な証明は関数解析の理論によって与えられる[13–15]．

に変形される[*6]. ここで, $\boldsymbol{x}$ の定義域 Ω の境界を $\partial\Omega$ とし, 境界上の点における外向き法線ベクトルを $\boldsymbol{n}$ とする. このとき, $\partial\Omega$ における反射境界条件は

$$\langle \boldsymbol{J}, \boldsymbol{n} \rangle = 0$$

で与えられる. したがって, $\boldsymbol{x} \in \partial\Omega$ では

$$J_i(\boldsymbol{x}, t) = F_i(\boldsymbol{x}, t) \, p(\boldsymbol{x}, t) - \frac{1}{2} \sum_{j=1}^{n} \frac{\partial}{\partial x_j} [D_{ij}(\boldsymbol{x}, t) \, p(\boldsymbol{x}, t)]$$
$$= 0$$

が成り立つ. また, $\partial\Omega$ における吸収境界条件は

$$p(\boldsymbol{x}, t) = 0$$

で与えられる. 実際の問題においては, 変数ごとにこれらの境界条件が与えられることが多い.

すべての変数に反射境界条件が課せられているとき, 定常確率密度関数 $p_s(\boldsymbol{x})$ の境界における確率流速が法線方向では 0 になることから

$$\frac{1}{2} \sum_{j=1}^{n} D_{ij}(\boldsymbol{x}) \frac{\partial p_s(\boldsymbol{x})}{\partial x_j} = p_s(\boldsymbol{x}) \left[F_i(\boldsymbol{x}) - \frac{1}{2} \sum_{j=1}^{n} \frac{\partial}{\partial x_j} D_{ij}(\boldsymbol{x}) \right]$$

が各 i について成り立つ. ここで, 対称行列 $D(\boldsymbol{x})$ が逆行列 $D(\boldsymbol{x})^{-1}$ をもつと仮定すると

$$\frac{\partial}{\partial x_i} \log p_s(\boldsymbol{x}) = \sum_{k}^{n} B_{ik}(\boldsymbol{x})^{-1} \left[2F_k(\boldsymbol{x}) - \sum_{j}^{n} \frac{\partial}{\partial x_j} D_{ij}(\boldsymbol{x}) \right]$$
$$= \phi_i(\boldsymbol{x})$$

となる. 上式の右辺が $\boldsymbol{x}$ についての勾配であるためには

$$\frac{\partial \phi_i}{\partial x_j} = \frac{\partial \phi_j}{\partial x_i}$$

を満たす必要がある. さらに, $\boldsymbol{F}(\boldsymbol{x})$ と $D(\boldsymbol{x})$ がこの条件を満たすときには, $\boldsymbol{\phi}(\boldsymbol{x}) = [\phi_1(\boldsymbol{x}), \phi_2(\boldsymbol{x}), \dots, \phi_n(\boldsymbol{x})]$ の線積分は経路によらない. ここで, 以

[*6] 流体力学に表れる連続の式および流速にならって, フォッカー・プランク方程式を (確率) 密度と (確率) 流速に関する連続の式と見立てている.

下に定義されるポテンシャル関数

$$H(\boldsymbol{x}) = \int^{\boldsymbol{x}} \phi(\boldsymbol{s}) \, d\boldsymbol{s}$$

を導入すると，定常確率密度関数は

$$p_s(\boldsymbol{x}) = \frac{1}{Z} \exp\left(-H(\boldsymbol{x})\right)$$

と求められる．ただし，Z は規格化因子である．

　以上が無反射境界条件におけるフォッカー・プランク方程式の定常解の導出である．また，反射境界条件の場合も，同様の方法で定常確率密度関数を求めることができる．

　多変数のフォッカー・プランク方程式においても，1 変数のときと同様に変数分離法と固有関数展開により，非定常解を求めることができる．つまり，定常解 $p_s(\boldsymbol{x})$ を用いて

$$p(\boldsymbol{x}, t) = p_s(\boldsymbol{x}) \, q(\boldsymbol{x}, t)$$

とし，式 (3.14) に代入すると $q(\boldsymbol{x}, t)$ についての**コルモゴロフの後退方程式**

$$\frac{\partial q(\boldsymbol{x}, t)}{\partial t} = \sum_{i=1}^{n} F_i(\boldsymbol{x}, t) \, \frac{\partial q(\boldsymbol{x}, t)}{\partial x_i} + \frac{1}{2} \sum_{i,j=1}^{n} D_{ij}(\boldsymbol{x}, t) \, \frac{\partial^2 q(\boldsymbol{x}, t)}{\partial x_i \partial x_j}$$

$$(3.15)$$

が得られる．さらに，変数分離

$$p(\boldsymbol{x}, t) = e^{-\lambda t} \, \varphi_\lambda(\boldsymbol{x})$$
$$q(\boldsymbol{x}, t) = e^{-\lambda' t} \, \psi_{\lambda'}(\boldsymbol{x})$$

を導入すると，固有方程式

$$-\sum_{i=1}^{n} \frac{\partial}{\partial x_i}[F_i(\boldsymbol{x}, t) \, \varphi_\lambda(\boldsymbol{x})] + \frac{1}{2} \sum_{i,j=1}^{n} \frac{\partial^2}{\partial x_i \partial x_j}[D_{ij}(\boldsymbol{x}, t) \, \varphi_\lambda(\boldsymbol{x})]$$
$$= -\lambda \, \varphi_\lambda(\boldsymbol{x})$$

$$\sum_{i=1}^{n} F_i(\boldsymbol{x}, t) \, \frac{\partial}{\partial x_i} \, \psi_{\lambda'}(\boldsymbol{x}) + \frac{1}{2} \sum_{i,j=1}^{n} D_{ij}(\boldsymbol{x}, t) \, \frac{\partial^2}{\partial x_i \partial x_j} \, \psi_{\lambda'}(\boldsymbol{x})$$
$$= -\lambda' \, \psi_{\lambda'}(\boldsymbol{x})$$

が得られる．このとき，それぞれの固有方程式が与える固有関数について，離散固有値に対しては

$$\int \varphi_\lambda(\boldsymbol{x})\, \psi_{\lambda'}(\boldsymbol{x})\, d\boldsymbol{x} = \delta_{\lambda\lambda'}$$

が，連続スペクトルに対しては

$$\int \varphi_\lambda(\boldsymbol{x})\, \psi_{\lambda'}(\boldsymbol{x})\, d\boldsymbol{x} = \delta(\lambda - \lambda')$$

が成り立つ．ここで，$\delta_{\lambda\lambda'}$ はクロネッカーのデルタであり，$\delta(\lambda - \lambda')$ はディラックのデルタ関数である．したがって，1 変数の場合と同様に固有関数の基本解

$$\varphi_\lambda(\boldsymbol{x}) = A_\lambda\, \phi_\lambda^{(1)}(\boldsymbol{x}) + B_\lambda\, \phi_\lambda^{(2)}(\boldsymbol{x})$$

によって，フォッカー・プランク方程式の非定常解は

$$
\begin{aligned}
p(\boldsymbol{x},\, t) = &\sum_n [A_n\, \varphi_n^{(1)}(\boldsymbol{x}) + B_n\, \varphi_n^{(2)}(\boldsymbol{x})]\, e^{-\lambda_n t} \\
&+ \int [A_\lambda\, \varphi_\lambda^{(1)}(\boldsymbol{x}) + B_\lambda\, \varphi_\lambda^{(2)}(\boldsymbol{x})]\, e^{-\lambda t}\, d\lambda
\end{aligned}
\tag{3.16}
$$

となる．

　以上が一般論としての多変数フォッカー・プランク方程式の解法である．しかし，確率変数の独立性により，固有方程式が変数分離可能な場合などの特殊なケースを除いては解析解を求めることが困難であるため，実際には数値解法や摂動展開などの近似手法によって解かれることが多い．

第 4 章

確率過程とベイズモデル

　本章ではベイズモデルの立場から確率過程について説明する．まずは導入として，ベイズモデルの基礎事項について説明する．そこでは主に，事前分布とデータが与えられた際の事後分布の推定方法に主眼を置いている．

　続いて，離散時間の確率過程である時系列モデルに潜在変数を導入した状態空間モデルに対して事後分布推定を適用することで，状態推定アルゴリズムを導出する．

　最後に，連続時間の確率過程である確率微分方程式に対してベイズモデルを導入する方法について説明する．

4.1　ベイズモデルの基礎

4.1.1　線形回帰モデルとベイズモデル

　ベイズの定理を応用した学習モデルを**ベイズモデル**（Bayesian model）と呼ぶ．ここでは，ベイズモデルの導入を目的として回帰モデルについて考える．目的変数 y を説明変数 $\boldsymbol{x} = [x_1, x_2, \ldots, x_n]$ で回帰する際の単純な回帰モデルは，$\boldsymbol{x}$ についての線形関数

$$y = w_0 + w_1 x_1 + w_2 x_2 + \cdots + w_n x_n + \varepsilon$$

である．ここで，w_i $(i = 0, 1, \ldots, n)$ は**回帰係数**（regression coefficient），ε は平均が 0，分散が σ^2 の正規分布にしたがう**誤差項**（error term）である．また，$\widehat{\boldsymbol{x}} = [1, x_1, x_2, \ldots, x_n]$，および，$\boldsymbol{w} = [w_0, w_1, w_2, \ldots, w_n]$ とおくと，ベクトルの内積 $\langle \cdot, \cdot \rangle$ により

$$y = \langle \widehat{\boldsymbol{x}}, \boldsymbol{w} \rangle + \varepsilon \tag{4.1}$$

となる．式 (4.1) は回帰係数 $\boldsymbol{w}$ についての線形関数であることから，**線形回帰モデル** (linear regression model; **LRM**) と呼ばれる．ここで，線形性は説明変数 $\widehat{\boldsymbol{x}}$ についてではなく，回帰係数 $\boldsymbol{w}$ について成り立つことに注意する．したがって，説明変数 $\boldsymbol{x}$ の任意の連続関数 $\phi_i(\cdot)$ $(i = 1, 2, \ldots, n)$ に対して，$\boldsymbol{\Phi}(\boldsymbol{x}) = [\phi_1(\boldsymbol{x}), \phi_2(\boldsymbol{x}), \ldots, \phi_n(\boldsymbol{x})]$ としたとき

$$y = \langle \boldsymbol{\Phi}(\boldsymbol{x}), \boldsymbol{w} \rangle + \varepsilon \tag{4.2}$$

もまた線形回帰モデルとなる．上記のとおり，誤差項は正規分布であるから，線形回帰モデルは条件付き確率密度関数によって

$$p(y|\boldsymbol{x}, \boldsymbol{w}) = \mathcal{N}(\langle \boldsymbol{\Phi}(\boldsymbol{x}), \boldsymbol{w} \rangle, \sigma)$$

と表すことができる．ここで導入した $\phi_i(\cdot)$ は基底関数とも呼ばれる．

式 (4.2) の回帰係数 $\boldsymbol{w}$ は最尤推定で求めることが可能である．M 個の説明変数と目的変数の組 $\{\boldsymbol{x}^{(m)}, y^{(m)}\}_{m=1,\ldots,M}$ が観測されたとする．このとき尤度関数 $\mathcal{L}$ は

$$\mathcal{L} = \prod_{m=1}^{M} p(y_m|\boldsymbol{x}_m, \boldsymbol{w})$$

で与えられる．ここで，各 m に対して

$$p(y_m|\boldsymbol{x}_m, \boldsymbol{w}) = \frac{1}{\sqrt{2\pi\sigma^2}} \exp\left(-\frac{(y_m - \langle \boldsymbol{\Phi}(\boldsymbol{x}_m), \boldsymbol{w} \rangle)^2}{2\sigma^2}\right)$$

であるから，対数尤度関数 $\log \mathcal{L}$ は

$$\log \mathcal{L} = \sum_{m=1}^{M} \log p(y_m|\boldsymbol{x}_m, \boldsymbol{w})$$

$$= -\frac{1}{2\sigma^2} \sum_{m=1}^{M} (y_m - \langle \boldsymbol{\Phi}(\boldsymbol{x}_m), \boldsymbol{w} \rangle)^2 - \frac{M}{2} \log (2\pi\sigma^2)$$

となる．対数関数の単調増加性により，対数尤度関数を最大化することで，回帰係数 $\boldsymbol{w}$ の最尤推定量が求められる．

最尤推定では回帰係数 $\boldsymbol{w}$ が定数として推定される．一方で，回帰係数を確率変数と見なし，これを生成する確率密度関数を観測データから推定する方法

が考えられる．このような考えの下，導入される学習モデルが**ベイズモデル**である．

いま，回帰係数 $\boldsymbol{w}$ が確率変数であるとすると，目的変数 y と回帰係数 $\boldsymbol{w}$ の条件付き確率密度関数は

$$p(y, \boldsymbol{w}|\boldsymbol{x}) = p(y|\boldsymbol{x}, \boldsymbol{w})\, p(\boldsymbol{w})$$

となる．このとき，ベイズの定理からパラメータ $\boldsymbol{w}$ の条件付き確率密度関数が

$$p(\boldsymbol{w}|y, \boldsymbol{x}) = \frac{p(y|\boldsymbol{x}, \boldsymbol{w})\, p(\boldsymbol{w})}{p(y|\boldsymbol{x})} = \frac{p(y|\boldsymbol{x}, \boldsymbol{w})\, p(\boldsymbol{w})}{\displaystyle\int p(y|\boldsymbol{x}, \boldsymbol{w})\, p(\boldsymbol{w})\, d\boldsymbol{w}}$$

によって求められる．ここで，回帰係数 $\boldsymbol{w}$ の確率密度関数 $p(\boldsymbol{w})$ を**事前分布**（prior distribution），条件付き確率密度関数 $p(\boldsymbol{w}|y, \boldsymbol{x})$ を**事後分布**（posterior distribution）と呼ぶ．式 (4.1) および式 (4.2) の線形回帰モデルをベイズモデルに拡張したものをベイズ線形回帰モデルという．

ベイズモデルではパラメータの事後分布を求め，その平均値，中央値（メディアン），最頻値（モード）のいずれかをパラメータの推定値とする．さらに，この事後分布を事前分布として，新たな観測データが得られたときの事後分布を求めることで，過去の学習履歴を反映する．したがって，ベイズモデルでは事後分布の推定が重要になるが，一般に事後分布が解析的に求められるのは限られたケースにおいてのみであり，多くの実問題では近似手法によって推定することになる．

さらに，ベイズモデルでは目的変数の予測もまた確率密度関数によって与えられる．観測データの組 $\mathcal{D} = \{(\boldsymbol{x}_m, y_m)\}_{m=1,\ldots,M}$ が与えられたとき，回帰係数 $\boldsymbol{w}$ の事後分布 $p(\boldsymbol{w}|\mathcal{D})$ が得られたとする．このとき，未知の $\boldsymbol{x}^*$ に対する予測値 y^* の確率密度関数は

$$p(y^*|\boldsymbol{x}^*) = \int p(y^*|\boldsymbol{x}^*, \boldsymbol{w})\, p(\boldsymbol{w}|\mathcal{D})\, d\boldsymbol{w}$$

によって求められる．この確率密度関数を**予測分布**（predictive distribution）という．このように，ベイズモデルでは事後分布を通じて観測データの情報が予測分布に反映される．

4.1.2　変分推論

　上記のとおり，ベイズモデルではパラメータがしたがう事後分布を推定する必要がある．そのための方法の 1 つが**変分推論**（variational inference）である．パラメータの事前分布 $p(\boldsymbol{w})$ と観測データ $\mathcal{D}$ が得られている状況で，パラメータの事後分布 $p(\boldsymbol{w}|\mathcal{D})$ を求めるものとする．事後分布 $p(\boldsymbol{w}|\mathcal{D})$ が解析的に求められない状況で，これを $\boldsymbol{w}$ の任意の確率密度関数 $q(\boldsymbol{w})$ で近似することを考える．近似に使用する確率密度関数 $q(\boldsymbol{w})$ には，正規分布や指数型分布族などの取扱いが比較的容易なものが選ばれることが多い．事後分布の近似精度を定量評価するために，2 つの確率密度関数どうしの近さを測る評価指標が必要である．このような評価指標として**カルバック–ライブラーダイバージェンス**（Kullback–Leibler divergence, KL ダイバージェンス）を導入する．KL ダイバージェンスは，2 つの確率密度関数 $p(\boldsymbol{x})$, $q(\boldsymbol{x})$ に対して

$$D_{\mathrm{KL}}(q\|p) = \int \log\left(\frac{q(\boldsymbol{x})}{p(\boldsymbol{x})}\right) q(\boldsymbol{x}) \, d\boldsymbol{x} \tag{4.3}$$

と定義される．式 (4.3) は $p = q$ のとき，$D_{\mathrm{KL}}(q\|p) = 0$ となることから，事後分布 $p(\boldsymbol{w}|\mathcal{D})$ を精度よく近似する確率密度関数を求めるためには，式 (4.3) を最小化すればよい．

　ベイズの定理により，事後分布は

$$p(\boldsymbol{w}|\mathcal{D}) = \frac{p(\boldsymbol{w}, \mathcal{D})}{p(\mathcal{D})}$$

と表されるから，事後分布 $p(\boldsymbol{w}|\mathcal{D})$ と近似分布 $q(\boldsymbol{w})$ との KL ダイバージェンスに対して

$$\begin{aligned}
D_{\mathrm{KL}}(q\|p) &= \int \log\left(\frac{q(\boldsymbol{w})}{p(\boldsymbol{w}|\mathcal{D})}\right) q(\boldsymbol{w}) \, d\boldsymbol{w} \\
&= \int \log\left(\frac{q(\boldsymbol{w}) \, p(\mathcal{D})}{p(\mathcal{D}, \boldsymbol{w})}\right) q(\boldsymbol{w}) \, d\boldsymbol{w} \\
&= \int \log\left(\frac{q(\boldsymbol{w})}{p(\mathcal{D}, \boldsymbol{w})}\right) q(\boldsymbol{w}) \, d\boldsymbol{w} + \int \log p(\mathcal{D}) \, q(\boldsymbol{w}) \, d\boldsymbol{w} \\
&= -\mathcal{L}(q) + \log p(\mathcal{D})
\end{aligned}$$

の関係が得られる．ここで，$\mathcal{L}(q)$ は**変分自由エネルギー**（variational free energy），または**変分下界**（evidence lower bound; **ELBO**）と呼ばれる量で

あり

$$\mathcal{L}(q) = \int \log \left(\frac{p(\mathcal{D}, \boldsymbol{w})}{q(\boldsymbol{w})} \right) q(\boldsymbol{w}) \, d\boldsymbol{w}$$

で定義される.所与の観測データ $\mathcal{D}$ に対する対数尤度は一定であることから

$$\log p(\mathcal{D}) = D_{\mathrm{KL}}(q\|p) + \mathcal{L}(q)$$

において,右辺第 2 項の変分自由エネルギーが大きくなればなるほど,右辺第 1 項の KL ダイバージェンスが小さくなる.したがって,変分自由エネルギーを最大化することで,KL ダイバージェンスが最小化されるため,最適な近似分布が得られることになる.

一般にパラメータ $\boldsymbol{w}$ は多変量であるから,近似分布 $q(\boldsymbol{w})$ に関する積分計算の際に各要素間に相関が存在することで計算が困難になる.これを受けて,近似分布 $q(\boldsymbol{w})$ において $\boldsymbol{w}$ の各要素が無相関であることを仮定したものが **平均場近似**(mean field approximation)である.

いま,確率密度関数 $q(\boldsymbol{w})$ を

$$q(\boldsymbol{w}) = \prod_{n=1}^{N} q(w_n)$$

とすると,変分自由エネルギーは

$$\mathcal{L}(q) = \int \left[\log p(\mathcal{D}, \boldsymbol{w}) - \log \prod_{i=1}^{N} q(w_i) \right] \prod_{i=1}^{N} q(w_i) \, d\boldsymbol{w}$$

$$= \int \log p(\mathcal{D}, \boldsymbol{w}) \prod_{i=1}^{N} q(w_i) \, d\boldsymbol{w} - \int \sum_{i=1}^{N} \log q(w_i) \prod_{i=1}^{N} q(w_i) \, d\boldsymbol{w}$$

となる.ここで,j を除くすべての i について $q(w_i)$ を固定すると

$$\mathcal{L}(q) = \int [\log \widehat{p}(\mathcal{D}, w_j) - \log q(w_j)] \, q(w_j) \, dw_j + \mathrm{const}$$

となる.ここで,const は定数を表す.ただし

$$\log \widehat{p}(\mathcal{D}, w_j) = \int \log p(\mathcal{D}, \boldsymbol{w}) \prod_{i \neq j}^{N} q(w_i) \, dw_i$$

$$= \mathbb{E}_{i \neq j}[\log p(\mathcal{D}, \boldsymbol{w})]$$

であり，$\mathbb{E}_{i \neq j}[\cdot]$ は w に対して $i \neq j$ なる成分の期待値をとることを表す．また，変分自由エネルギーの最大値を与える q^* は

$$\lim_{\delta q \to 0} \frac{\mathcal{L}(q + \delta q) - \mathcal{L}(q)}{\delta q} = 0$$

を満たすから

$$\log q^*(w_j) = \mathbb{E}_{i \neq j}[\log p(\mathcal{D})] + \mathrm{const}$$

となる．したがって，規格化因子を考慮すると

$$q^*(w_j) = \frac{\exp \mathbb{E}_{i \neq j}[\log p(\mathcal{D})]}{\displaystyle\int \exp \mathbb{E}_{i \neq j}[\log p(\mathcal{D})]\, dw_j}$$

となる．これを各 $j = 1, \ldots, N$ について繰り返すことで近似分布を得ることができる．

4.1.3　マルコフ連鎖モンテカルロ法

前項で導入した変分推論のほかに，乱数を利用した標本抽出により数値的に事後分布を近似することができる．このような乱数を利用した数値的手法を総称して**モンテカルロ法**（Monte Carlo method）という．モンテカルロ法では，ベイズの定理にしたがって事後分布が

$$p(\boldsymbol{w}|\mathcal{D}) \propto p(\mathcal{D}|\boldsymbol{w})\, p(\boldsymbol{w}) \tag{4.4}$$

の比例関係を満たすことを利用する．式 (4.4) の右辺は事前に与えられているから，これにしたがう乱数を生成して標本抽出した後に，数値的に求めた規格化因子で除すことで近似分布が得られる．変分推論のように近似分布の解析的な式を得ることはできないが，多峰性をもつなどの複雑な確率密度関数も表現することが可能である．

一方で，モンテカルロ法による事後分布の近似においては，生成される標本点の品質が問題となる．十分大きな確率付近の値は相対的に高い頻度で生成される一方で，確率密度関数の裾野に相当する小さな確率付近の値は標本抽出されにくいからである．そのため，十分に散布した標本抽出をする方法が必要であり，そのような方法の 1 つとして**マルコフ連鎖モンテカルロ法**（Markov chain Monte Carlo method; **MCMC**）が提案されている．

マルコフ連鎖モンテカルロ法は，確率変数 Z がしたがう確率密度関数 $p(z)$ を標本抽出によって推定するために，系列 $\{z^{(m)}\}$ $(m = 0, 1, \ldots)$ を生成する．この系列が定常確率過程であれば，十分大きな M に対して $m > M$ であるときに時間平均によってアンサンブル平均[*1]を代替することができ，1 つの標本系列から得られる標本点群によって確率密度関数の推定を行うことが可能となる．この系列 $\{z^{(m)}\}(m = 0, 1, \ldots)$ には，既約かつ非周期なマルコフ過程を採用する．すなわち，状態遷移確率に対して

$$q(z^{(m+1)}|z^{(0)}, z^{(1)}, \ldots, z^{(m)}) = q(z^{(m+1)}|z^{(m)})$$

が成り立ち，任意の 2 つの状態 z, z' が有限回の遷移で移り合うことが可能で，かつ，周期をもたないマルコフ過程 $\{z^{(m)}\}$ を採用する．このとき，**詳細つり合い条件** (detailed balance condition) と呼ばれる

$$q(z'|z)\, p(z) = q(z|z')\, p(z')$$

が 2 つの状態 z, z' の間に成立していれば，定常状態で $p(z)$ が存在することになり，これが求める確率密度関数である．以下では，マルコフ連鎖モンテカルロ法のうち，代表的なものを説明する．

マルコフ連鎖モンテカルロ法の中でも最もよく知られているものが，**メトロポリス・ヘイスティングス法** (Metropolis–Hastings algorithm) である．このアルゴリズムは，遷移確率 $q(z|z')$ が与えられているときに，以下の手順で実行される．

① $z^{(m)}$ が得られている状況で，$q(z^{(m+1)}|z^{(m)}$ から $z^{(m+1)}$ の候補として z' を標本抽出する．ただし，$z^{(0)}$ は初期値として任意に与える

② $0 \leq a \leq 1$ の一様乱数 a を標本抽出し
$$a < \frac{q(z|z')\, p(z')}{q(z'|z)\, p(z)}$$
であるときは，$z^{(m+1)} = z'$ として更新する．それ以外のときは，$z^{(m+1)} = z^{(m)}$ とする

[*1]　ある確率分布または確率密度関数から抽出された標本点を，それらの確率によって加重平均したものをアンサンブル平均という．大数の法則により，十分大きな数での標本点どうしの算術平均はアンサンブル平均に収束する．一方，確率過程の 1 つの標本上における点列の算術平均を時間平均という．

　メトロポリス・ヘイスティングス法はシンプルで扱いやすい点が特長だが，遷移確率の選び方によっては標本点の更新が行われずに同じ値が採択され続けてしまう．これを解消するために，さまざまな他の方法が提案されている．

　確率密度関数 $p(z)$ の条件付き分布を解析的に求めることが可能であれば，以下に示す**ギブスサンプリング**（Gibbs sampling）を使用することができる．

① 　初期値 z を与える
② 　$z = [z_1, z_2, \ldots, z_n]$ に対して z_j $(j = 1, 2, \ldots, N)$ 以外の $\{z_i\}_{i \neq j}$ を固定し，$p(z_j | z_1, \ldots, z_{j-1}, z_{j+1}, \ldots, z_n)$ から z_j を標本抽出する
③ 　②を繰り返す

　ギブスサンプリングでは，すべての標本が採用されるので標本点の更新の問題を解消できる．

　また，上記 2 つとは趣きが異なる方法として，**ハミルトニアンモンテカルロ法**（Hamiltonian Monte Carlo method）がある．この方法は，統計力学に現れる多体系の平衡状態における状態量の確率密度関数がカノニカル分布[*2]で表されることを利用している．ハミルトニアン

$$H(z, r) = \frac{1}{2}|r|^2 + V(z)$$

に対して，カノニカル分布は

$$p(z, r) = \frac{1}{Z} \exp\left(-\beta H\right) \tag{4.5}$$

で与えられる．ここで，$V(\cdot)$ は**ポテンシャル関数**（potential function），β は**逆温度**（inverse temperature）[*3]と呼ばれるパラメータで，Z は**分配関数**（partition function）と呼ばれる規格化因子である．ハミルトニアンモンテカルロ法では，標本抽出対象の確率密度関数 $p(z)$ に対して，ポテンシャル関数を $V(z) = \log p(z)$ として与える．式 (4.5) を r について周辺化することで，z を標本抽出できる．以上を踏まえ

[*2] 　対象とする系の全エネルギーを一般化座標と一般化運動量の関数として表したものをハミルトニアン，またはハミルトン関数という．多体系の平衡状態における各状態がとりうる確率密度関数をハミルトニアンによって式 (4.5) の形で与えたものをカノニカル分布という．

[*3] 　ハミルトニアンモンテカルロ法では慣習的に $\beta = 1$ とされる．本書もそれにならい，以降は $\beta = 1$ として話を進める．

$$\frac{d\boldsymbol{z}}{dt} = \frac{\partial H}{\partial \boldsymbol{r}}$$

$$\frac{d\boldsymbol{r}}{dt} = -\frac{\partial H}{\partial \boldsymbol{z}}$$

で与えられるハミルトンの運動方程式を時間発展させ，十分な時間が経過したときの $\boldsymbol{z}$ を標本抽出することで，定常分布からの標本点が得られる．多くの場合，ハミルトンの運動方程式の解は解析的に求められないので，数値解法によって解かれることになる．その際に，ハミルトニアンが保存される数値解法を使用する必要がある点に注意を要する．ハミルトニアンモンテカルロ法では，ハミルトンの運動方程式の数値解法として，以下に示す**リープフロッグ法**（leapfrog scheme）が使用されることが多い．

① 初期値 $\boldsymbol{z}_0$ と時間刻み幅 Δt を与え，$\boldsymbol{r}_0$ を標準正規分布から標本抽出し，以下を計算する

$$\boldsymbol{z}\left(\frac{\Delta t}{2}\right) = \boldsymbol{z}_0 + \boldsymbol{r}_0\left(\frac{\Delta t}{2}\right)\Delta t$$

② $l = 1, 2, \ldots, L-1$ について，以下の計算を繰り返し実行する

$$\boldsymbol{r}(l\Delta t) = \boldsymbol{r}((l-1)\,\Delta t) - \frac{\partial V}{\partial \boldsymbol{z}}\left(\left(l-\frac{1}{2}\right)\Delta t\right)\Delta t$$

$$\boldsymbol{z}\left(\left(l+\frac{1}{2}\right)\Delta t\right) = \boldsymbol{z}\left(\left(l-\frac{1}{2}\right)\Delta t\right) + \boldsymbol{r}(l\Delta t)\,\Delta t$$

③ $l = L$ について，以下の計算を実行する

$$\boldsymbol{r}(L\,\Delta t) = \boldsymbol{r}((L-1)\,\Delta t) - \frac{\partial V}{\partial \boldsymbol{z}}\left(\left(L-\frac{1}{2}\right)\Delta t\right)\Delta t$$

$$\boldsymbol{z}(L\,\Delta t) = \boldsymbol{z}\left(\left(L-\frac{1}{2}\right)\Delta t\right) + \boldsymbol{r}(L\,\Delta t)\left(\frac{\Delta t}{2}\right)$$

④ $0 \le a \le 1$ の一様乱数 a を標本抽出し

$$a < \min\left\{1,\ \frac{\exp\left(-H(\boldsymbol{z}(L\,\Delta t),\,\boldsymbol{r}(L\,\Delta t))\right)}{\exp\left(-H(\boldsymbol{z}_0,\,\boldsymbol{r}_0)\right)}\right\} \tag{4.6}$$

を満たすときは $\boldsymbol{z}(L\,\Delta t)$ を採用する

　リープフロッグ法は 2 次精度の数値解法であるため，時間刻み幅 Δt の 3 次以上のオーダで計算誤差が発生する．時間刻み幅を大きくしたときに生じる誤差を抑制するために，より高次の数値解法が使用されることもある．

4.2　時系列と状態空間モデル

　確率過程の実データ解析への応用の 1 つとして，**時系列解析**（time series analysis）があげられる．代表的な時系列解析の対象は，株価や為替といった金融資産の値動きの時間変化，気温や風況（風の吹き方）といった気象データの時間変化などである．また，近年は電力売買の自由化により電力需要予測のニーズが急速に高まってきているが，これも時系列解析の対象となる．そのほか，工場内の生産設備に取り付けたセンサによって得られるデータの解析もまた時系列解析の対象である．

　このような時系列解析の対象となる時系列データはセンサ等の観測装置を使用して定点観測することで得られることが多く，一般に離散時間データとして表現される．すなわち，時系列データは観測時間 t_n と観測データ $\boldsymbol{x}_n$ の組 $\{(t_n,\, \boldsymbol{x}_n)\}_{1 \leq n \leq N}$ として与えられる[*4]．以下では，時系列データが与えられたときの時系列モデリングの手法について，特に応用上重要なベイズモデルを中心に説明する．

4.2.1　時系列モデリング

　時系列データ $\{\boldsymbol{x}_n\}_{1 \leq n \leq N}$ がしたがう同時確率密度関数を推定することを，**時系列モデリング**（time series modeling）という．例として，以下の 1 変数差分方程式を考える．

$$x_{n+1} = ax_n + \xi_n \qquad (\xi_n \sim \mathcal{N}(0,\, \sigma_0{}^2)) \tag{4.7}$$

式 (4.7) は，右辺において x_n と ξ_n が与えられることで，左辺の x_{n+1} が定まることを表している．ここで，$\mathcal{N}(0,\, \sigma_0{}^2)$ は平均 0，分散 $\sigma_0{}^2$ の正規分布を表す．ξ_n が $\mathcal{N}(0,\, \sigma_0{}^2)$ より標本抽出されることを $\xi_n \sim \mathcal{N}(0,\, \sigma_0{}^2)$ と表す．このとき，x_{n+1} がしたがう確率密度関数は条件付き確率密度関数

$$p(x_{n+1}|x_n) = \frac{1}{\sqrt{2\pi\sigma_0{}^2}} \exp\left(-\frac{(x_{n+1} - ax_n)^2}{2\sigma_0{}^2}\right)$$

で与えられる．したがって，時系列データがしたがう同時確率密度関数は

[*4]　離散時間 t_n を省略して $\{\boldsymbol{x}_n\}_{1 \leq n \leq N}$ と表記することもある．

$$p(x_1, x_2, \ldots, x_N) = p(x_1)\, p(x_2|x_1) \cdots p(x_N|x_1, x_2, \ldots, x_{N-1})$$
$$= p(x_1)\, p(x_2|x_1) \cdots p(x_N|x_{N-1})$$
$$= p(x_1) \prod_{n=2}^{N} p(x_n|x_{n-1})$$
$$= p(x_1) \times \frac{1}{(2\pi\sigma_0{}^2)^{\frac{N-1}{2}}} \prod_{n=2}^{N} \exp\left(-\frac{(x_n - ax_{n-1})^2}{2\sigma_0{}^2}\right)$$

となる．2行目の等号は式 (4.7) のマルコフ性によるものである．上式はパラメータとして a と σ_0 を含むため，これらの値を与えられた時系列データから推定する必要がある．これには対数尤度関数

$$\log \mathcal{L} = \log p(x_1, x_2, \ldots, x_N)$$
$$= \log p(x_1) + \sum_{n=2}^{N} \log p(x_n|x_{n-1})$$

を用いた最尤推定法が利用できる．ここで，初期値 x_1 が確定値であるとすると，対応する確率密度関数はディラックのデルタ関数 $\delta(x_1)$ となるため，$\log p(x_1)$ の項は無視できる．よって，対数尤度関数は

$$\log \mathcal{L} = -\frac{N-1}{2} \log\left(2\pi\sigma_0{}^2\right) - \sum_{n=2}^{N} \frac{(x_n - ax_{n-1})^2}{2\sigma_0{}^2}$$

となる．これに対して，a と $\sigma_0{}^2$ について勾配

$$\frac{\partial \log \mathcal{L}}{\partial a} = \frac{1}{\sigma_0{}^2} \left(\sum_{n=2}^{N} x_n x_{n-1} - a \sum_{n=2}^{N} x_{n-1}{}^2\right)$$

$$\frac{\partial \log \mathcal{L}}{\partial \sigma_0{}^2} = -\frac{N-1}{2\sigma_0{}^2} + \sum_{n=2}^{N} \frac{(x_n - ax_{n-1})^2}{2\sigma_0{}^4}$$

を求め，両者を0とした方程式からパラメータの推定値

$$a = \frac{\displaystyle\sum_{n=2}^{N} x_n x_{n-1}}{\displaystyle\sum_{n=2}^{N} {x_{n-1}}^2} \tag{4.8}$$

$${\sigma_0}^2 = \frac{1}{N-1} \sum_{n=2}^{N} (x_n - a x_{n-1})^2 \tag{4.9}$$

を得る．式 (4.7) で与えられる時系列モデルを 1 次の**自己回帰モデル** (autoregressive model; AR model)，略して **AR1 モデル**という[*5].

自己回帰モデルの次数は任意の時点までさかのぼることができる．過去の p 時点までの自己の状態で，現在の状態を回帰する時系列モデル

$$x_{n+1} = \sum_{i=1}^{p} a_n x_{n-i+1} + \xi_n \qquad (\xi_n \sim \mathcal{N}(0,\ {\sigma_0}^2))$$

を p 次の自己回帰モデル，略して **AR(p) モデル**という．さらに，自己回帰成分ではなく，q 時点過去までの外乱による時系列モデル

$$x_{n+1} = \sum_{j=1}^{q} b_n \xi_{n-j+1} \qquad (\xi_{n-j+1} \sim \mathcal{N}(0,\ {\sigma_0}^2))$$

を考えることもできる．これを q 次の**移動平均モデル** (moving average model; MA model)，略して **MA(q) モデル**という．さらに，自己回帰モデルと移動平均モデルを組み合わせたものを**自己回帰・移動平均モデル** (autoregressive moving average model; ARMA model) といい，**ARMA(p, q) モデル**は

$$x_{n+1} = \sum_{i=1}^{p} a_n x_{n-i+1} + \sum_{j=1}^{q} b_n \xi_{n-j+1} \qquad (\xi_j \sim \mathcal{N}(0,\ {\sigma_0}^2))$$

で与えられる．これらの自己回帰成分と外乱との線形結合で与えられる時系列モデルを総称して，**線形時系列モデル** (linear time series model) という．

ARMA(p, q) モデルにおいて，自己回帰成分と外乱のそれぞれを成分にもつベクトル

[*5]　この名称は，1 時点過去での自己の状態とランダムな外乱によって，現在の状態を回帰していることに由来する．

$$\boldsymbol{x}_n = \begin{bmatrix} x_{n-p} \\ x_{n-p+1} \\ \vdots \\ x_n \end{bmatrix}, \quad \boldsymbol{\xi}_n = \begin{bmatrix} \xi_{n-q} \\ \xi_{n-q+1} \\ \vdots \\ \xi_n \end{bmatrix}$$

を導入し,行列 A と B を

$$A = \begin{bmatrix} 0 & 1 & 0 & \ldots & 0 \\ 0 & 0 & 1 & \ldots & 0 \\ \vdots & \vdots & \vdots & \ddots & \vdots \\ a_{n-p+1} & a_{n-p+2} & a_{n-p+3} & \ldots & a_n \end{bmatrix}, \quad B = \begin{bmatrix} 0 & \ldots & 0 \\ 0 & \ldots & 0 \\ \vdots & \ddots & \vdots \\ b_{n-q} & \ldots & b_n \end{bmatrix}$$

とすると,結局

$$\boldsymbol{x}_{n+1} = A\boldsymbol{x}_n + B\boldsymbol{\xi}_n \tag{4.10}$$

という,ベクトル変数に対する AR モデルに帰着する.式 (4.10) に対応する条件付き確率密度関数は

$$p(\boldsymbol{x}_{n+1}|\boldsymbol{x}_n) = \frac{1}{(2\pi)^{\frac{p}{2}}|\Sigma|^{\frac{1}{2}}} \times \exp\left(-\frac{1}{2}(\boldsymbol{x}_{n+1} - A\boldsymbol{x}_n)^{\top}\Sigma^{-1}(\boldsymbol{x}_{n+1} - A\boldsymbol{x}_n)\right)$$

で与えられる.ただし,$\Sigma = \sigma_0^2 BB^{\top}$ である.これと,初期値がしたがう確率密度関数 $p(\boldsymbol{x}_1)$ によって,式 (4.10) の同時確率密度関数は

$$p(\boldsymbol{x}_1, \boldsymbol{x}_2, \ldots, \boldsymbol{x}_N) = p(\boldsymbol{x}_1)\prod_{n=2}^{N} p(\boldsymbol{x}_n|\boldsymbol{x}_{n-1})$$

となる.この関係は ARMA(p, q) モデルを含む,線形時系列モデル全般に対して成り立つ.

4.2.2 状態空間モデル

前述のとおり,時系列モデルは観測されるデータの時間発展を確率過程で記述するものである.これに,**状態変数**(state variable)または**潜在変数**(latent variable)と呼ばれる観測によって直接観測されない量を導入したものを**状態空間モデル**(state space model)という.

　状態空間モデルは，状態変数を x_t，観測変数を y_t としたとき，差分方程式の形式で

$$x_{t+1} = f(x_t) + v_t \tag{4.11a}$$

$$y_{t+1} = g(x_{t+1}) + w_{t+1} \tag{4.11b}$$

または

$$x_{t+1} = f(x_t,\, v_t) \tag{4.12a}$$

$$y_{t+1} = g(x_{t+1},\, w_{t+1}) \tag{4.12b}$$

として与えられる．ここで，状態変数の時間発展を表す第 1 式（式 (4.11a)，式 (4.12a)）を**状態方程式**（state equation），観測変数と状態変数の関係を表す第 2 式（式 (4.11b)，式 (4.12b)）を**観測方程式**（observation equation）という．また，状態方程式において v_t は**システムノイズ**（system noise）と呼ばれる確率変数であり，観測方程式において w_t は**観測ノイズ**（observation noise）と呼ばれる確率変数である．状態空間モデルにしたがうと，状態変数と観測変数は次式の条件付き確率密度関数からそれぞれ標本抽出される．

$$x_{t+1} \sim p(x_{t+1}|x_t)$$

$$y_{t+1} \sim p(y_{t+1}|x_{t+1})$$

この条件付き確率密度関数による表現も含めて，**状態空間モデル**と呼ぶこともある．ここで，状態空間モデルの時間発展は 1 時点前の状態変数にのみ依存するため，マルコフ過程である．状態空間モデルを実データに応用する際には，直接観測することができるデータを観測変数として扱い，直接観測することができない量を状態変数として扱うことになる．

　以下では，離散時間の確率過程に対して

$$z_{1:T} = \{z_1,\, z_2,\, \ldots,\, z_T\}$$

という表記を導入する．時点 t までの観測量の系列 $y_{1:t}$ が得られた際に，同時点における状態量 x_t を推定する問題を**観測更新**（observation update）や**フィルタリング**（filtering）といい，次の時点 $t+1$ における状態量 x_{t+1} を推定する問題を**時間更新**（time update）や**予測**（prediction）という．これらは，それぞれに対応する条件付き確率密度関数 $p(x_t|y_{1:t})$, $p(x_{t+1}|y_{1:t})$ を求める問

題にほかならない.

時点 t までの観測量の系列に対して, $\boldsymbol{y}_{1:t} = [\boldsymbol{y}_{1:t-1}, \boldsymbol{y}_t]$ であることに注意すると, ベイズの定理より

$$
\begin{aligned}
p(\boldsymbol{x}_t|\boldsymbol{y}_{1:t}) &= \frac{p(\boldsymbol{x}_t, \boldsymbol{y}_{1:t})}{p(\boldsymbol{y}_{1:t})} \\
&= \frac{p(\boldsymbol{x}_t, \boldsymbol{y}_t, \boldsymbol{y}_{1:t-1})}{p(\boldsymbol{y}_t, \boldsymbol{y}_{1:t-1})} \\
&= \frac{p(\boldsymbol{y}_t|\boldsymbol{x}_t, \boldsymbol{y}_{1:t-1})\, p(\boldsymbol{x}_t|\boldsymbol{y}_{1:t-1})}{p(\boldsymbol{y}_t, \boldsymbol{y}_{1:t-1})}
\end{aligned}
$$

が得られる. 一方, 状態空間モデルはマルコフ過程であるから, 条件付き確率密度関数 $p(\boldsymbol{y}_t|\boldsymbol{x}_t, \boldsymbol{y}_{1:t-1})$ は $\boldsymbol{y}_{1:t-1}$ の影響を受けない. すなわち, 観測更新に対応する条件付き確率密度関数は

$$
p(\boldsymbol{x}_t|\boldsymbol{y}_{1:t}) = \frac{p(\boldsymbol{y}_t|\boldsymbol{x}_t)\, p(\boldsymbol{x}_t|\boldsymbol{y}_{1:t-1})}{p(\boldsymbol{y}_t, \boldsymbol{y}_{1:t-1})} \tag{4.13}
$$

となる. また, 条件付き確率密度関数 $p(\boldsymbol{x}_{t+1}, \boldsymbol{x}_t|\boldsymbol{y}_{1:t})$ に対してベイズの定理を適用することで

$$
p(\boldsymbol{x}_{t+1}, \boldsymbol{x}_t|\boldsymbol{y}_{1:t}) = p(\boldsymbol{x}_{t+1}|\boldsymbol{x}_t, \boldsymbol{y}_{1:t})\, p(\boldsymbol{x}_t|\boldsymbol{y}_{1:t})
$$

が得られるが, 状態空間モデルにおいて状態量の時間発展は観測量の影響を受けないため

$$
p(\boldsymbol{x}_{t+1}|\boldsymbol{x}_t, \boldsymbol{y}_{1:t}) = p(\boldsymbol{x}_{t+1}|\boldsymbol{x}_t)
$$

となる. 以上より, 時間更新に対応する条件付き確率密度関数が

$$
\begin{aligned}
p(\boldsymbol{x}_{t+1}|\boldsymbol{y}_{1:t}) &= \int p(\boldsymbol{x}_{t+1}, \boldsymbol{x}_t|\boldsymbol{y}_{1:t})\, d\boldsymbol{x}_t \\
&= \int p(\boldsymbol{x}_{t+1}|\boldsymbol{x}_t)\, p(\boldsymbol{x}_t|\boldsymbol{y}_{1:t})\, d\boldsymbol{x}_t
\end{aligned} \tag{4.14}
$$

となる. このように, 観測更新と時間更新を逐次的に交互に繰り返すことによって状態推定を実行できることがわかる. ただし, 時間更新の式 (式 (4.14)) に現れる条件付き確率密度関数の積分を解析的に実行することは (一部の例を除いて) 困難であるため, 解析的な近似手法, あるいは数値的手法が必要となる.

4.2.3　カルマンフィルタ

　状態推定における時間更新式（式 (4.14)）に現れる積分は，対象とする状態空間モデルが線形，かつ，システムノイズと観測ノイズの両方が正規分布にしたがう場合には，解析的に実行可能である．システム制御工学の分野では，このような状態空間モデルは**線形システム**（linear system）と呼ばれており，現代制御理論の根幹をなす時系列モデルとして精力的に研究されてきた．線形システムに対する状態推定を**カルマンフィルタ**（Kalman filter）と呼ぶ．

　以下，線形システムの状態空間モデルを対象とし，カルマンフィルタのアルゴリズムを導出する．線形システムの状態空間モデルは以下のとおりである．

$$\boldsymbol{x}_{t+1} = F\boldsymbol{x}_t + G\boldsymbol{w}_t \qquad (\boldsymbol{w}_t \sim \mathcal{N}(\boldsymbol{0},\, R)) \tag{4.15a}$$

$$\boldsymbol{y}_{t+1} = H\boldsymbol{x}_{t+1} + \boldsymbol{v}_{t+1} \qquad (\boldsymbol{v}_{t+1} \sim \mathcal{N}(\boldsymbol{0},\, Q)) \tag{4.15b}$$

ここで，$\boldsymbol{x}_t \in \mathbb{R}^n$ は状態変数，$\boldsymbol{y}_t \in \mathbb{R}^l$ は観測変数，$\boldsymbol{w}_t \in \mathbb{R}^m$ はシステムノイズ，$\boldsymbol{v}_t \in \mathbb{R}^l$ は観測ノイズで，$F \in \mathbb{R}^{n \times n}$，$G \in \mathbb{R}^{n \times m}$，$H \in \mathbb{R}^{l \times n}$ はそれぞれ**システム行列**（system matrix），**駆動行列**（driving matrix），**観測行列**（observation matrix）と呼ばれる行列である．また，システムノイズと観測ノイズはともに平均が $\boldsymbol{0}$ の正規分布であり，共分散行列はそれぞれ $Q \in \mathbb{R}^{m \times m}$ と $R \in \mathbb{R}^{l \times l}$ として与えられるものとする．

　このように線形の状態空間モデルにおいては，状態量の時間発展，観測量と状態量の関係はいずれも行列によって表すことが表すことができ，さらに，時不変性を仮定すれば各行列の要素は時間に依存しないことになる．また，システムノイズと観測ノイズはともに正規分布にしたがうことから，状態方程式と観測方程式に対応する条件付き確率密度関数もまた正規分布となる．したがって，状態方程式の条件付き確率密度関数は

$$p(\boldsymbol{x}_{t+1}|\boldsymbol{x}_t) = \frac{1}{(2\pi)^{\frac{n}{2}}|GQG^\top|^{\frac{1}{2}}}$$
$$\times \exp\left(-\frac{1}{2}(\boldsymbol{x}_{t+1} - F\boldsymbol{x}_t)^\top \left(GQG^\top\right)^{-1} (\boldsymbol{x}_{t+1} - F\boldsymbol{x}_t)\right) \tag{4.16}$$

観測方程式の条件付き確率密度関数は

$$p(\boldsymbol{y}_{t+1}|\boldsymbol{x}_{t+1}) = \frac{1}{(2\pi)^{\frac{1}{2}}|R|^{\frac{1}{2}}}$$
$$\times \exp\left(-\frac{1}{2}(\boldsymbol{y}_{t+1} - H\boldsymbol{x}_{t+1})^{\top} R^{-1}(\boldsymbol{y}_{t+1} - H\boldsymbol{x}_{t+1})\right)$$
$$(4.17)$$

として与えられる．これらの条件付き確率密度関数によって観測更新と時間更新を交互に行うことで，状態推定を逐次的に実行できる．

ここで，カルマンフィルタの観測更新と時間更新の計算において，2次形式[*6]の変形に関する以下の公式を使用する．

$$(\boldsymbol{x} - \widehat{\boldsymbol{x}})^{\top} P^{-1}(\boldsymbol{x} - \widehat{\boldsymbol{x}}) + (\boldsymbol{y} - H\boldsymbol{x})^{\top} R^{-1}(\boldsymbol{y} - H\boldsymbol{x})$$
$$= (\boldsymbol{x} - \boldsymbol{\alpha})^{\top} M^{-1}(\boldsymbol{x} - \boldsymbol{\alpha}) + (\boldsymbol{y} - H\widehat{\boldsymbol{x}})^{\top} V^{-1}(\boldsymbol{y} - H\widehat{\boldsymbol{x}}) \qquad (4.18)$$

ただし，$\widehat{\boldsymbol{x}}$ は $\boldsymbol{x}$ の平均値であり，$\boldsymbol{\alpha}$, V, M はそれぞれ

$$\boldsymbol{\alpha} = \widehat{\boldsymbol{x}} + PH^{\top} V^{-1}(\boldsymbol{y} - H\widehat{\boldsymbol{x}})$$
$$V = HPH^{\top} + R$$
$$M = P - PH^{\top} V^{-1} HP$$

で与えられる．また，行列 P, R, M, V の行列式について $|P||R| = |M||V|$ が成り立つ[*7]．

上記の条件付き確率密度関数を使用して，線形状態空間モデルにおける観測更新と時間更新を導出する．時刻 $t = 0$ における観測変数を $\boldsymbol{y}_0$，状態変数の事前分布を平均 $\widehat{\boldsymbol{x}}_0$ で共分散 P_0 の正規分布 $p(\boldsymbol{x}_0) = \mathcal{N}(\widehat{\boldsymbol{x}}_0, P_0)$ で与えると

$$p(\boldsymbol{y}_0|\boldsymbol{x}_0)\, p(\boldsymbol{x}_0) = \frac{1}{(2\pi)^{\frac{l+n}{2}}|R|^{\frac{1}{2}}|P_0|^{\frac{1}{2}}}$$
$$\times \exp\left(-\frac{1}{2}(\boldsymbol{y}_0 - H\boldsymbol{x}_0)^{\top} R^{-1}(\boldsymbol{y}_0 - H\boldsymbol{x}_0)\right.$$
$$\left. -\frac{1}{2}(\boldsymbol{x}_0 - \widehat{\boldsymbol{x}}_0)^{\top} P_0^{-1}(\boldsymbol{x}_0 - \widehat{\boldsymbol{x}}_0)\right)$$

[*6] ベクトル $\boldsymbol{x}$ と正定値行列 A に対して，$\boldsymbol{x}^{\top} A\boldsymbol{x}$ を **2 次形式**（quadratic form）という

[*7] これは 2 次形式に対して，逆行列補題（14 ページ脚注参照）を適用することで導出することができる．

となることがわかる．また，上式左辺の指数部分に対して式 (4.18) を適用すると

$$-\frac{1}{2}(\boldsymbol{x}_0 - H\boldsymbol{x}_0)^\top R^{-1}(\boldsymbol{y}_0 - H\boldsymbol{x}_0) - \frac{1}{2}(\boldsymbol{x}_0 - \widehat{\boldsymbol{x}}_0)^\top P^{-1}(\boldsymbol{x}_0 - \widehat{\boldsymbol{x}}_0)$$

$$= -\frac{1}{2}(\boldsymbol{y}_0 - H\widehat{\boldsymbol{x}}_0)^\top V_0^{-1}(\boldsymbol{y}_0 - H\widehat{\boldsymbol{x}}_0) - \frac{1}{2}(\boldsymbol{x}_0 - \boldsymbol{\alpha}_0)^\top M_0^{-1}(\boldsymbol{x}_0 - \boldsymbol{\alpha}_0)$$

となる．上式右辺の $\boldsymbol{\alpha}_0$, V_0, M_0 はそれぞれ

$$\boldsymbol{\alpha}_0 = \widehat{\boldsymbol{x}}_0 + P_0 H^\top V_0^{-1}(\boldsymbol{y} - H\widehat{\boldsymbol{x}}_0)$$

$$V_0 = HP_0H^\top + R$$

$$M_0 = P_0 - P_0 H^\top V_0^{-1} HP_0$$

となる．このとき，行列式について $|P_0||R| = |M_0||V_0|$ が成り立つことに注意すると

$$p(\boldsymbol{y}_0|\boldsymbol{x}_0)\, p(\boldsymbol{x}_0) = \frac{1}{(2\pi)^{\frac{l+n}{2}}|M_0|^{\frac{1}{2}}|V_0|^{\frac{1}{2}}}$$

$$\times \exp\left(-\frac{1}{2}(\boldsymbol{y}_0 - H\widehat{\boldsymbol{x}}_0)^\top V_0^{-1}(\boldsymbol{y}_0 - H\widehat{\boldsymbol{x}}_0)\right.$$

$$\left. -\frac{1}{2}(\boldsymbol{x}_0 - \boldsymbol{\alpha}_0)^\top M_0^{-1}(\boldsymbol{x}_0 - \boldsymbol{\alpha}_0)\right)$$

が得られる．さらに，上式の両辺を $\boldsymbol{x}_0$ について積分すると

$$p(\boldsymbol{y}_0) = \frac{1}{(2\pi)^{\frac{l}{2}}|V_0|^{\frac{1}{2}}} \exp\left(-\frac{1}{2}(\boldsymbol{y}_0 - H\widehat{\boldsymbol{x}}_0)^\top V_0^{-1}(\boldsymbol{y}_0 - H\widehat{\boldsymbol{x}}_0)\right)$$

となるので，観測更新に対応する条件付き確率密度関数は

$$p(\boldsymbol{x}_0|\boldsymbol{y}_0) = \frac{p(\boldsymbol{y}_0|\boldsymbol{x}_0)\, p(\boldsymbol{x}_0)}{p(\boldsymbol{y}_0)}$$

$$= \frac{1}{(2\pi)^{\frac{n}{2}}|M_0|^{\frac{1}{2}}} \exp\left(-\frac{1}{2}(\boldsymbol{x}_0 - \boldsymbol{\alpha}_0)^\top M_0^{-1}(\boldsymbol{x}_0 - \boldsymbol{\alpha}_0)\right)$$

$$(4.19)$$

となる．したがって，式 (4.16)，式 (4.19) を用いることで，時刻 $t = 1$ における時間更新に対応する条件付き確率密度関数が

$$p(\boldsymbol{x}_1|\boldsymbol{y}_0) = \int p(\boldsymbol{x}_1|\boldsymbol{x}_0)\, p(\boldsymbol{x}_0|\boldsymbol{y}_0)\, d\boldsymbol{x}_0 \tag{4.20}$$

として与えられる. 式 (4.20) の右辺における被積分関数

$$p(\boldsymbol{x}_1|\boldsymbol{x}_0)\,p(\boldsymbol{x}_0|\boldsymbol{y}_0) = \frac{1}{(2\pi)^n|M_0|^{\frac{1}{2}}|GQG^\top|^{\frac{1}{2}}}$$
$$\times \exp\Bigl(-\frac{1}{2}(\boldsymbol{x}_0-\boldsymbol{\alpha}_0)^\top M_0^{-1}(\boldsymbol{x}_0-\boldsymbol{\alpha}_0)$$
$$-\frac{1}{2}(\boldsymbol{x}_1-F\boldsymbol{x}_0)^\top (GQG^\top)^{-1}(\boldsymbol{x}_1-F\boldsymbol{x}_0)\Bigr)$$

の指数部に対して, 式 (4.18) を適用すると

$$p(\boldsymbol{x}_1|\boldsymbol{x}_0)\,p(\boldsymbol{x}_0|\boldsymbol{y}_0) = \frac{1}{(2\pi)^n|U_0|^{\frac{1}{2}}|P_1|^{\frac{1}{2}}}$$
$$\times \exp\left(-\frac{1}{2}(\boldsymbol{x}_0-\boldsymbol{\beta}_0)^\top U_0^{-1}(\boldsymbol{x}_0-\boldsymbol{\beta}_0)\right)$$
$$\times \exp\left(-\frac{1}{2}(\boldsymbol{x}_1-F\boldsymbol{\alpha}_0)^\top P_1^{-1}(\boldsymbol{x}_1-F\boldsymbol{\alpha}_0)\right)$$

$$(4.21)$$

となる. ここで

$$\boldsymbol{\beta}_0 = \boldsymbol{\alpha}_0 + M_0 F^\top P_1^{-1}(\boldsymbol{x}_1-F\boldsymbol{\alpha}_0)$$
$$U_0 = M_0 - M_0 F^\top P_1^{-1} F M_0$$
$$P_1 = F M_0 F^\top + GQG^\top$$

である. 式 (4.21) を式 (4.20) に代入し $\boldsymbol{x}_0$ について積分することで, 正規分布

$$p(\boldsymbol{x}_1|\boldsymbol{y}_0) = \frac{1}{(2\pi)^{\frac{n}{2}}|P_1|^{\frac{1}{2}}}\exp\left(-\frac{1}{2}(\boldsymbol{x}_1-F\boldsymbol{\alpha}_0)^\top P_1^{-1}(\boldsymbol{x}_1-F\boldsymbol{\alpha}_0)\right)$$

が時間更新に対応した条件付き確率密度関数として得られる. これをもとに, 時刻 $t=1$ における観測更新に対応した条件付き確率密度関数が正規分布として求められる.

　以上より, 正規分布の平均ベクトルと共分散行列が逐次的に更新されることによって, 状態推定が実施されることがわかる. ここで, 各時刻における $\boldsymbol{\alpha}_t$, M_t をそれぞれ**濾過推定値** (filtered estimate) および**濾過推定誤差共分散行列** (filtered error covariance matrix) といい, $\widehat{x}_{t|t}$ および $P_{t|t}$ と表記する. また, $F\boldsymbol{\alpha}_{t-1}$ と $F M_{t-1} F^\top + GQG^\top$ をそれぞれ**1 段予測推定値** (update estimate), **1 段予測誤差共分散行列** (update error covariance matrix) とい

い，$\widehat{\boldsymbol{x}}_{t|t-1}$ および $P_{t|t-1}$ と表記する．さらに，観測更新に現れる行列

$$K_t = P_{t|t-1}H^\top (HP_{t|t-1}H^\top + R)^{-1}$$

を**カルマンゲイン**（Kalman gain）という．これらの表記にしたがうと，カルマンフィルタの観測更新と時間更新に対応する条件付き確率密度関数はそれぞれ，以下のようになる．

$$\begin{aligned}
p(\boldsymbol{x}_t|\boldsymbol{y}_{1:t}) \quad &= \mathcal{N}(\boldsymbol{x}_t|\widehat{\boldsymbol{x}}_{t|t},\, P_{t|t}) \\
p(\boldsymbol{x}_{t+1}|\boldsymbol{y}_{1:t}) &= \mathcal{N}(\boldsymbol{x}_{t+1}|\widehat{\boldsymbol{x}}_{t+1|t},\, P_{t+1|t})
\end{aligned}$$

式 (4.15a)，(4.15b) で表される線形状態空間モデルに対するカルマンフィルタのアルゴリズムは次のとおりである．

① $t = 0$ における初期値を $\widehat{\boldsymbol{x}}_{0|-1} = \boldsymbol{x}_0$，$P_{0|-1} = P_0$ として与える
② 以下をもとにして，観測更新を実行する
- カルマンゲイン

$$K_t = P_{t|t-1}H^\top (HP_{t|t-1}H^\top + R)^{-1}$$

- 濾過推定値

$$\widehat{\boldsymbol{x}}_{t|t} = \widehat{\boldsymbol{x}}_{t|t-1} + K_t(\boldsymbol{y}_t - H\widehat{\boldsymbol{x}}_{t|t-1})$$

- 濾過推定共分散行列

$$P_{t|t} = P_{t|t-1} - K_t H P_{t|t-1}$$

③ 以下をもとにして，時間更新を実行する
- 1 段予測推定値

$$\widehat{\boldsymbol{x}}_{t+1|t} = F\widehat{\boldsymbol{x}}_{t|t}$$

- 1 段予測誤差共分散行列

$$P_{t+1|t} = FP_{t|t}F^\top + GQG^\top$$

④ $t \to t+1$ として，②から繰り返す

4.2.4 拡張カルマンフィルタ

カルマンフィルタは線形システムの状態推定アルゴルズムであるが，非線形システムに対しても，線形化を行うことで適用することが可能である．非線形システムの中でも特に，システムノイズと観測ノイズがともに非線形写像に対する和によって与えられる**相加性雑音**（additive noise）の場合を考える．

$$x_{t+1} = f(x_t) + w_t \qquad (w_t \sim \mathcal{N}(0, R)) \tag{4.22a}$$

$$y_{t+1} = h(x_{t+1}) + v_{t+1} \qquad (v_{t+1} \sim \mathcal{N}(0, Q)) \tag{4.22b}$$

ここで，$x_t \in \mathbb{R}^n$ は状態変数，$y_t \in \mathbb{R}^l$ は観測変数，$w_t \in \mathbb{R}^m$ はシステムノイズ，$v_t \in \mathbb{R}^l$ は観測ノイズである．また，$f : \mathbb{R}^n \to \mathbb{R}^n$ と $h : \mathbb{R}^l \to \mathbb{R}^n$ はそれぞれ 1 階微分可能な非線形写像である．さらに，システムノイズと観測ノイズはともに平均が 0 の正規分布であり，共分散行列はそれぞれ $Q \in \mathbb{R}^{m \times m}$ と $R \in \mathbb{R}^{l \times l}$ として与えられるものとする．

このとき，状態方程式における非線形写像 f の濾過推定量に関するヤコビ行列[*8]と，観測方程式における非線形写像 h の 1 段予測推定量に関するヤコビ行列をそれぞれ

$$\widehat{F}_t = \left. \frac{\partial f}{\partial x} \right|_{x = \widehat{x}_{t|t}}, \qquad \widehat{H}_t = \left. \frac{\partial h}{\partial x} \right|_{x = \widehat{x}_{t|t-1}}$$

とすると，線形化された状態空間モデル

$$x_{t+1} = \widehat{F}_t x_t + w_t \qquad (w_t \sim \mathcal{N}(0, R)) \tag{4.23a}$$

$$y_{t+1} = \widehat{H}_{t+1} x_{t+1} + v_{t+1} \qquad (v_{t+1} \sim \mathcal{N}(0, Q)) \tag{4.23b}$$

が得られる．式 (4.23a)，式 (4.23b) に対してカルマンフィルタを適用する状態推定アルゴリズムを**拡張カルマンフィルタ**（extended Kalman filter）という．

[*8] 1 階微分可能な非線形写像に対して，(i, j) 成分が $\dfrac{\partial f_i(x)}{\partial x_j}$ で与えられる行列を**ヤコビ行列**（Jacobian matrix）という．

4.2.5　アンサンブルカルマンフィルタ

前項までは，状態推定に必要な観測更新と時間更新のそれぞれに対応した条件付き確率密度関数を，正規分布として解析的に求められるケースを対象としていた．しかし，一般の状態空間モデルでは，条件付き確率密度関数を必ずしも解析的に求めることができないため，観測更新および時間更新に対応する条件付き確率密度関数の推定ならびに関連する積分計算を，数値的に行う手法がいくつか提案されている．以下では，そのうちの 1 つである**アンサンブルカルマンフィルタ**（ensemble Kalman filter）について説明する．アンサンブルカルマンフィルタの根底にある発想は，アンサンブルと呼ばれる仮想的な粒子集団を状態空間モデルにしたがって時間発展させ，求めたい条件付き確率密度関数をアンサンブル平均によって推定するというものである．

一例として，拡張カルマンフィルタの導入時に対象とした非線形状態空間モデル（式 (4.22a)，式 (4.22b)）に対して N 個の仮想粒子群 $\{(\boldsymbol{x}_t^{(i)}, \boldsymbol{y}_t^{(i)})\}_{1 \le i \le N}$ を導入する．このとき，i 番目の仮想粒子は状態空間モデル

$$\boldsymbol{x}_{t+1}^{(i)} = \boldsymbol{f}(\boldsymbol{x}_t^{(i)}) + \boldsymbol{w}_t^{(i)} \qquad (\boldsymbol{w}_t^{(i)} \sim \mathcal{N}(\boldsymbol{0},\, R))$$

$$\boldsymbol{y}_{t+1}^{(i)} = \boldsymbol{h}(\boldsymbol{x}_{t+1}^{(i)}) + \boldsymbol{v}_{t+1}^{(i)} \qquad (\boldsymbol{v}_{t+1}^{(i)} \sim \mathcal{N}(\boldsymbol{0},\, Q))$$

にしたがうことになる．ここで，観測変数の系列 $\boldsymbol{y}_{1:t-1}$ に関する 1 段予測推定値を，すべての仮想粒子について並べた行列を

$$X_{t|t-1} = \left[\widehat{\boldsymbol{x}}_{t|t-1}^{(1)}, \widehat{\boldsymbol{x}}_{t|t-1}^{(2)}, \ldots, \widehat{\boldsymbol{x}}_{t|t-1}^{(N)} \right]$$

で定義する．この行列を 1 段予測推定値の**アンサンブル行列**（ensemble matrix）という．これを用いて，時間更新に対応する条件付き確率密度関数を，アンサンブル平均

$$p(\boldsymbol{x}_t | \boldsymbol{y}_{1:t-1}) \approx \frac{1}{N} \sum_{i=1}^{N} \delta(\boldsymbol{x}_t - \boldsymbol{x}_{t|t-1}^{(i)})$$

によって近似的に求めることができる．同様に，時刻 t における観測変数 $\boldsymbol{y}_t$ が与えられることで得られる濾過推定値を，すべての仮想粒子について並べた行列

$$X_{t|t} = \left[\widehat{\boldsymbol{x}}_{t|t}^{(1)}, \widehat{\boldsymbol{x}}_{t|t}^{(2)}, \ldots, \widehat{\boldsymbol{x}}_{t|t}^{(N)} \right]$$

によって定義する．この行列を濾過推定値のアンサンブル行列という．これを用いれば，時間更新に対応する条件付き確率密度関数を，アンサンブル平均

$$p(\boldsymbol{x}_t | \boldsymbol{y}_{1:t}) \approx \frac{1}{N} \sum_{i=1}^{N} \delta(\boldsymbol{x}_t - \boldsymbol{x}_{t|t}^{(i)})$$

によって近似的に求めることができる．したがって，後はアンサンブル平均で使用する仮想粒子ごとの1段予測推定値と濾過推定値を求めればよい．

このために，まず観測更新の実行方法を導出する．1段予測推定値のアンサンブル行列 $X_{t|t-1}$ が与えられているとき，これらのアンサンブル平均による1段予測推定値 $\boldsymbol{x}_{t|t-1}^{\mathrm{ENS}}$ は

$$\boldsymbol{x}_{t|t-1}^{\mathrm{ENS}} = \frac{1}{N} \sum_{i=1}^{N} \boldsymbol{x}_{t|t-1}^{(i)}$$

となる．1段予測推定値の誤差は各仮想粒子に対して

$$\widetilde{\boldsymbol{x}}_{t|t-1}^{(i)} = \boldsymbol{x}_{t|t-1}^{(i)} - \boldsymbol{x}_{t|t-1}^{\mathrm{ENS}} \qquad (i = 1, \ldots, N)$$

であるから，1段予測推定値の誤差に対するアンサンブル行列は

$$\widetilde{X}_{t|t-1} = \left[\widetilde{\boldsymbol{x}}_{t|t-1}^{(1)}, \widetilde{\boldsymbol{x}}_{t|t-1}^{(2)}, \ldots, \widetilde{\boldsymbol{x}}_{t|t-1}^{(N)} \right]$$

である．これを用いて，1段予測誤差共分散行列はアンサンブル平均により

$$P_{t|t-1} = \frac{1}{N-1} \widetilde{X}_{t|t-1}^{\top} \widetilde{X}_{t|t-1}$$

で与えられる．また，仮想粒子の1段予測推定値と観測方程式から

$$\boldsymbol{y}_{t|t-1}^{(i)} = \boldsymbol{h}(\boldsymbol{x}_{t|t-1}^{(i)}) + \boldsymbol{v}_t^{(i)} \qquad (i = 1, \ldots, N)$$

が得られる．これに対応するアンサンブル行列は

$$Y_{t|t-1} = \left[\boldsymbol{y}_{t|t-1}^{(1)}, \boldsymbol{y}_{t|t-1}^{(2)}, \ldots, \boldsymbol{y}_{t|t-1}^{(N)} \right]$$

であるから，アンサンブル平均

$$\boldsymbol{y}_{t|t-1}^{\mathrm{ENS}} = \frac{1}{N} \sum_{i=1}^{N} \boldsymbol{y}_{t|t-1}^{(i)}$$

によって，観測方程式の出力 $\boldsymbol{y}_t$ の1段予測推定値を求めることができる．こ

こで，各仮想粒子の出力に対する 1 段予測推定誤差は

$$\widetilde{\boldsymbol{y}}_{t|t-1}^{(i)} = \boldsymbol{y}_{t|t-1}^{(i)} - \boldsymbol{y}_{t|t-1}^{\mathrm{ENS}} \qquad (i = 1, \ldots, N)$$

であるから，対応するアンサンブル行列は

$$\widetilde{Y}_{t|t-1} = \left[\widetilde{\boldsymbol{y}}_{t|t-1}^{(1)}, \, \widetilde{\boldsymbol{y}}_{t|t-1}^{(2)}, \, \ldots, \, \widetilde{\boldsymbol{y}}_{t|t-1}^{(N)} \right]$$

である．これら 1 段予測推定誤差のアンサンブル行列 $\widetilde{X}_{t|t-1}$, $\widetilde{Y}_{t|t-1}$ によって，共分散行列

$$V_{t|t-1}^{\mathrm{ENS}} = \frac{1}{N-1} \, \widetilde{Y}_{t|t-1} \, \widetilde{Y}_{t|t-1}^{\top}$$

$$U_{t|t-1}^{\mathrm{ENS}} = \frac{1}{N-1} \, \widetilde{X}_{t|t-1} \, \widetilde{Y}_{t|t-1}^{\top}$$

を定義すると，時刻 t におけるカルマンゲインが

$$K_t^{\mathrm{ENS}} = U_{t|t-1}^{\mathrm{ENS}} \left(V_{t|t-1}^{\mathrm{ENS}} \right)^{-1}$$

として求められる．このとき，観測対象から実際に得られた観測値を $\boldsymbol{y}_t$ とすると，各仮想粒子の濾過推定値は

$$\boldsymbol{x}_{t|t}^{(i)} = \boldsymbol{x}_{t|t-1}^{(i)} + K_t^{\mathrm{ENS}} [\boldsymbol{y}_t - \boldsymbol{y}_{t|t-1}^{(i)}] \qquad (i = 1, \ldots, N)$$

となるので，濾過推定値のアンサンブル行列は

$$X_{t|t} = \left[\boldsymbol{x}_{t|t}^{(1)}, \, \boldsymbol{x}_{t|t}^{(2)}, \, \ldots, \, \boldsymbol{x}_{t|t}^{(N)} \right]$$

として得られる．これにより，状態量 $\boldsymbol{x}_t$ の濾過推定値はアンサンブル平均によって

$$\boldsymbol{x}_{t|t}^{\mathrm{ENS}} = \frac{1}{N} \sum_{i=1}^{N} \boldsymbol{x}_{t|t}^{(i)}$$

で求められる．また，各仮想粒子の濾過推定誤差は

$$\widetilde{\boldsymbol{x}}_{t|t}^{(i)} = \boldsymbol{x}_{t|t}^{(i)} - \boldsymbol{x}_{t|t}^{\mathrm{ENS}} \qquad (i = 1, \ldots, N)$$

であるから，濾過推定誤差アンサンブル行列は

$$\widetilde{X}_{t|t} = \left[\widetilde{\boldsymbol{x}}_{t|t}^{(1)}, \, \widetilde{\boldsymbol{x}}_{t|t}^{(2)}, \, \ldots, \, \widetilde{\boldsymbol{x}}_{t|t}^{(N)} \right]$$

で与えられる．これを用いて，濾過推定誤差共分散行列は

$$P_{t|t}^{\mathrm{ENS}} = \frac{1}{N-1} \, \widetilde{X}_{t|t}^{\top} \, \widetilde{X}_{t|t}$$

となる．以上の一連の計算により，アンサンブルカルマンフィルタの観測更新が実行できる．

次に，時間更新の実行方法を導出する．濾過推定アンサンブル行列 $X_{t|t}$ がすでに与えられているとして，各仮想粒子を状態方程式によって時間発展させることで

$$\boldsymbol{x}_{t+1|t}^{(i)} = \boldsymbol{f}(\boldsymbol{x}_{t|t}^{(i)}) + \boldsymbol{w}_t^{(i)} \qquad (i = 1, \ldots, N)$$

が得られる．これより，1段予測アンサンブル行列

$$X_{t+1|t} = \left[\boldsymbol{x}_{t+1|t}^{(1)}, \, \boldsymbol{x}_{t+1|t}^{(2)}, \ldots, \boldsymbol{x}_{t+1|t}^{(N)} \right]$$

が求められる．また，状態量の1段予測推定値はアンサンブル平均によって

$$\boldsymbol{x}_{t+1|t}^{\mathrm{ENS}} = \frac{1}{N} \sum_{i=1}^{N} \boldsymbol{x}_{t+1|t}^{(i)}$$

で与えられる．したがって，状態量の1段予測推定誤差が

$$\widetilde{\boldsymbol{x}}_{t+1|t}^{(i)} = \boldsymbol{x}_{t+1|t}^{(i)} - \boldsymbol{x}_{t+1|t}^{\mathrm{ENS}} \qquad (i = 1, \ldots, N)$$

として求められるので，1段予測誤差のアンサンブル行列は

$$\widetilde{X}_{t+1|t} = \left[\widetilde{\boldsymbol{x}}_{t+1|t}^{(1)}, \, \widetilde{\boldsymbol{x}}_{t+1|t}^{(2)}, \ldots, \widetilde{\boldsymbol{x}}_{t+1|t}^{(N)} \right]$$

となる．これより，1段予測誤差共分散行列

$$P_{t+1|t}^{\mathrm{ENS}} = \frac{1}{N} \, \widetilde{X}_{t+1|t}^{\top} \, \widetilde{X}_{t+1|t}$$

が得られる．以上より，アンサンブルカルマンフィルタの時間更新が実行できる．

これまでの一連の手続きをまとめると，アンサンブルカルマンフィルタのアルゴリズムは次に示すとおりとなる．

① 初期時刻 $t = 0$ において，正規分布 $\mathcal{N}(\boldsymbol{x}_0, P_0)$ から N 個の仮想粒子の初期値を標本抽出し，アンサンブル行列

$$X_{0|-1} = \left[\boldsymbol{x}_{0|-1}^{(1)}, \boldsymbol{x}_{0|-1}^{(2)}, \ldots, \boldsymbol{x}_{0|-1}^{(N)} \right]$$

を求める.

② 以下をもとに観測更新を実行する

● 1 段予測推定値

$$\boldsymbol{x}_{t|t-1}^{\mathrm{ENS}} = \frac{1}{N} \sum_{i=1}^{N} \boldsymbol{x}_{t|t-1}^{(i)}$$

を用いて，1 段予測誤差のアンサンブル行列

$$\widetilde{X}_{t|t-1} = \left[\widetilde{\boldsymbol{x}}_{t|t-1}^{(1)}, \widetilde{\boldsymbol{x}}_{t|t-1}^{(2)}, \ldots, \widetilde{\boldsymbol{x}}_{t|t-1}^{(N)} \right]$$

を計算する

● N 個の観測ノイズ $\boldsymbol{v}_t^{(i)} (1 \leq i \leq N)$ を生成し，観測方程式から

$$\boldsymbol{y}_{t|t-1}^{(i)} = \boldsymbol{h}(\boldsymbol{x}_{t|t-1}^{(i)}) + \boldsymbol{v}_t^{(i)} \qquad (i = 1, \ldots, N)$$

を得る．これを用いて，アンサンブル平均

$$\boldsymbol{y}_{t|t-1}^{\mathrm{ENS}} = \frac{1}{N} \sum_{i=1}^{N} \boldsymbol{y}_{t|t-1}^{(i)}$$

を計算し，予測誤差のアンサンブル行列

$$\widetilde{Y}_{t|t-1} = \left[\widetilde{\boldsymbol{y}}_{t|t-1}^{(1)}, \widetilde{\boldsymbol{y}}_{t|t-1}^{(2)}, \ldots, \widetilde{\boldsymbol{y}}_{t|t-1}^{(N)} \right]$$

を求める

● 共分散行列

$$V_{t|t-1}^{\mathrm{ENS}} = \frac{1}{N-1} \widetilde{Y}_{t|t-1} \widetilde{Y}_{t|t-1}^{\top}$$

$$U_{t|t-1}^{\mathrm{ENS}} = \frac{1}{N-1} \widetilde{X}_{t|t-1} \widetilde{Y}_{t|t-1}^{\top}$$

から，カルマンゲイン

$$K_t^{\mathrm{ENS}} = U_{t|t-1}^{\mathrm{ENS}} \left(V_{t|t-1}^{\mathrm{ENS}} \right)^{-1}$$

を求める

● 仮想粒子の濾過推定値

$$\boldsymbol{x}_{t|t}^{(i)} = \boldsymbol{x}_{t|t-1}^{(i)} + K_t^{\mathrm{ENS}} \left(\boldsymbol{y}_t - \boldsymbol{y}_{t|t-1}^{(i)} \right) \qquad (i = 1, \ldots, N)$$

からアンサンブル行列

$$X_{t|t} = \left[\boldsymbol{x}_{t|t}^{(1)}, \boldsymbol{x}_{t|t}^{(2)}, \ldots, \boldsymbol{x}_{t|t}^{(N)} \right]$$

が得られるので，アンサンブル平均によって濾過推定値

$$x_{t|t}^{\mathrm{ENS}} = \frac{1}{N} \sum_{i=1}^{N} x_{t|t}^{(i)}$$

が求まる

③ 以下の手続きにしたがって，時間更新を実行する

N 個の仮想粒子の濾過推定値と状態方程式から

$$x_{t+1|t}^{(i)} = f(x_{t|t}^{(i)}) + w_t^{(i)} \qquad (i = 1, \dots, N)$$

が得られるので，これらをまとめることで 1 段予測アンサンブル行列

$$X_{t+1|t} = \left[x_{t+1|t}^{(1)}, x_{t+1|t}^{(2)}, \dots, x_{t+1|t}^{(N)} \right]$$

を得る

④ 時刻 $t \to t+1$ とし，②以降を繰り返す

上記のアンサンブルカルマンフィルタのアルゴリズムにおいて，1 段予測推定誤差共分散行列 $P_{t|t-1}^{\top}$ と濾過誤差共分散行列 $P_{t|t}^{\top}$ は，特に使用する理由がなければ計算する必要がない．この点は，流体解析や構造解析のデータ同化における状態推定のような，状態変数の次元がきわめて大きくなるような問題に対する計算負荷低減という観点で大きな利点となる．また，流体現象のような非線形偏微分方程式で記述される問題に対して，モデル削減の手法により近似的に大規模な線形状態方程式が得られるようなケースでも，解析的に実行可能なカルマンフィルタよりも誤差共分散行列の計算が不要なアンサンブルカルマンフィルタのほうが有用なことがある．

4.2.6 粒子フィルタ

粒子フィルタ（particulate filter），または**モンテカルロフィルタ**（Monte Carlo filter）とは，状態推定において現れる条件付き確率密度関数による積分を，**モンテカルロ積分**（Monte Carlo integration）によって数値的に評価する方法である．

まず，モンテカルロ積分について簡単に説明する．関数 $f(x)$ の確率密度関数 $p(x)$ に関する期待値

$$\mathbb{E}[f] = \int f(x)\, p(x)\, dx$$

の計算を例として考える．このとき，N 個の乱数 $\{x^{(i)}\}_{1 \leq i \leq N}$ を確率密度関数 $p(x)$ から生成することは確率密度関数 $p(x)$ をこれらの乱数によって近似

することと等価なので

$$p(\boldsymbol{x}) \approx \frac{1}{N} \sum_{i=1}^{N} \delta(\boldsymbol{x} - \boldsymbol{x}^{(i)})$$

である．したがって，求める期待値は

$$
\begin{aligned}
\int f(\boldsymbol{x})\, p(\boldsymbol{x})\, d\boldsymbol{x} &\approx \int f(\boldsymbol{x}) \left(\frac{1}{N} \sum_{i=1}^{N} \delta(\boldsymbol{x} - \boldsymbol{x}^{(i)}) \right) dx \\
&= \frac{1}{N} \sum_{i=1}^{N} \left(\int f(\boldsymbol{x})\, \delta(\boldsymbol{x} - \boldsymbol{x}^{(i)})\, d\boldsymbol{x} \right) \\
&= \frac{1}{N} \sum_{i=1}^{N} f(\boldsymbol{x}^{(i)})
\end{aligned}
$$

と近似できる．このようにモンテカルロ積分とは，与えられた確率密度関数にしたがって十分大きな数の乱数を生成し，それにもとづいてアンサンブル平均を計算することに相当する．

　以下では，次に示す非線形状態空間モデルに対する粒子フィルタのアルゴリズムを導出する．

$$\boldsymbol{x}_{t+1} = \boldsymbol{f}(\boldsymbol{x}_t, \boldsymbol{w}_t) \qquad (\boldsymbol{w}_t \sim p(\boldsymbol{w}_t)) \tag{4.24a}$$

$$\boldsymbol{y}_{t+1} = \boldsymbol{h}(\boldsymbol{x}_{t+1}, \boldsymbol{v}_{t+1}) \qquad (\boldsymbol{v}_{t+1} \sim p(\boldsymbol{v}_{t+1})) \tag{4.24b}$$

ここで，$\boldsymbol{x}_t \in \mathbb{R}^n$ は状態変数，$\boldsymbol{y}_t \in \mathbb{R}^l$ は観測変数，$\boldsymbol{w}_t \in \mathbb{R}^m$ はシステムノイズ，$\boldsymbol{v}_t \in \mathbb{R}^l$ は観測ノイズで，$\boldsymbol{f} : \mathbb{R}^n \times \mathbb{R}^m \to \mathbb{R}^n$ と $\boldsymbol{h} : \mathbb{R}^l \times \mathbb{R}^l \to \mathbb{R}^l$ はそれぞれ非線形写像である．また，システムノイズと観測ノイズはいずれも平均が $\boldsymbol{0}$ で互いに無相関な白色ノイズ[*9]であり，任意の確率密度関数にしたがうものとする．以降の計算において，これらシステムノイズと観測ノイズがしたがう確率密度関数を，それぞれ $p(\boldsymbol{w}_t)$ および $p(\boldsymbol{v}_t)$ で表す．

　粒子フィルタにおいてもアンサンブルカルマンフィルタと同様に，N 個の仮想粒子の時間発展を考えることで，1 段予測アンサンブル行列

$$X_{t|t-1} = \left[\boldsymbol{x}_{t|t-1}^{(1)}, \, \boldsymbol{x}_{t|t-1}^{(2)}, \, \ldots, \, \boldsymbol{x}_{t|t-1}^{(N)} \right]$$

[*9]　任意時刻どうしの相関関数がディラックのデルタ関数（式 (1.12)，10 ページ）として与えられるノイズを**白色ノイズ**（white noise）という．

と濾過推定アンサンブル行列

$$X_{t|t} = \left[\boldsymbol{x}_{t|t}^{(1)}, \boldsymbol{x}_{t|t}^{(2)}, \ldots, \boldsymbol{x}_{t|t}^{(N)} \right]$$

を逐次更新していく．まず，時間更新と観測更新のそれぞれに対応する条件付き確率密度関数を

$$p(\boldsymbol{x}_t|\boldsymbol{y}_{1:t-1}) \approx \frac{1}{N} \sum_{i=1}^{N} \delta(\boldsymbol{x}_t - \boldsymbol{x}_{t|t-1}^{(i)})$$

$$p(\boldsymbol{x}_t|\boldsymbol{y}_{1:t}) \quad \approx \frac{1}{N} \sum_{i=1}^{N} \delta(\boldsymbol{x}_t - \boldsymbol{x}_{t|t}^{(i)})$$

によって近似する．ここで，時間更新の条件付き確率密度関数において

$$
\begin{aligned}
p(\boldsymbol{x}_{t+1}|\boldsymbol{y}_{1:t}) &= \int p(\boldsymbol{x}_{t+1}|\boldsymbol{x}_t)\, p(\boldsymbol{x}_t|\boldsymbol{y}_{1:t})\, d\boldsymbol{x}_t \\
&= \int \left(\int p(\boldsymbol{x}_{t+1}, \boldsymbol{w}_t|\boldsymbol{x}_t)\, d\boldsymbol{w}_t \right) p(\boldsymbol{x}_t|\boldsymbol{y}_{1:t})\, d\boldsymbol{x}_t \\
&= \int \left(\int p(\boldsymbol{x}_{t+1}|\boldsymbol{x}_t, \boldsymbol{w}_t)\, p(\boldsymbol{w}_t|\boldsymbol{x}_t)\, d\boldsymbol{w}_t \right) p(\boldsymbol{x}_t|\boldsymbol{y}_{1:t})\, d\boldsymbol{x}_t \\
&= \iint p(\boldsymbol{x}_{t+1}|\boldsymbol{x}_t, \boldsymbol{w}_t)\, p(\boldsymbol{x}_t|\boldsymbol{y}_{1:t})\, p(\boldsymbol{w}_t)\, d\boldsymbol{x}_t d\boldsymbol{w}_t
\end{aligned}
$$

が成り立つ．上式の変形の過程で，条件付き確率密度関数に対するベイズの定理

$$p(\boldsymbol{x}_{t+1}, \boldsymbol{w}_t|\boldsymbol{x}_t) = p(\boldsymbol{x}_{t+1}|\boldsymbol{x}_t, \boldsymbol{w}_t)\, p(\boldsymbol{w}_t|\boldsymbol{x}_t)$$

と，$\boldsymbol{x}_t$ の $\boldsymbol{w}_t$ の独立性

$$p(\boldsymbol{w}_t|\boldsymbol{x}_t) = p(\boldsymbol{w}_t)$$

を使用している．同様の手続きによって

$$p(\boldsymbol{x}_t|\boldsymbol{y}_{1:t})\, p(\boldsymbol{w}_t) = p(\boldsymbol{x}_t, \boldsymbol{w}_t|\boldsymbol{y}_{1:t})$$

となるので，N 個の独立な仮想粒子のペア $(\boldsymbol{x}_{t|t}^{(i)}, \boldsymbol{w}_t^{(i)})$ $(1 \leq i \leq N)$ により

$$p(\boldsymbol{x}_t|\boldsymbol{y}_{1:t})\, p(\boldsymbol{w}_t) \approx \frac{1}{N} \sum_{i=1}^{N} \delta(\boldsymbol{x}_t - \boldsymbol{x}_{t|t}^{(i)})\, \delta(\boldsymbol{w}_t - \boldsymbol{w}_t^{(i)})$$

と近似できる．これを用いると

$$p(\boldsymbol{x}_{t+1}|\boldsymbol{y}_{1:t})$$

$$\approx \iint p(\boldsymbol{x}_{t+1}|\boldsymbol{w}_t, \boldsymbol{x}_t) \left(\frac{1}{N} \sum_{i=1}^{N} \delta(\boldsymbol{x}_t - \boldsymbol{x}_{t|t}^{(i)}) \, \delta(\boldsymbol{w}_t - \boldsymbol{w}_t^{(i)}) \right) d\boldsymbol{x}_t d\boldsymbol{w}_t$$

$$= \frac{1}{N} \sum_{i=1}^{N} \iint p(\boldsymbol{x}_{t+1}|\boldsymbol{x}_t, \boldsymbol{w}_t)\delta(\boldsymbol{x}_t - \boldsymbol{x}_{t|t}^{(i)}) \, \delta(\boldsymbol{w}_t - \boldsymbol{w}_t^{(i)}) \, d\boldsymbol{x}_t d\boldsymbol{w}_t$$

$$= \frac{1}{N} \sum_{i=1}^{N} p(\boldsymbol{x}_{t+1}|\boldsymbol{x}_{t|t}^{(i)}, \boldsymbol{w}_t^{(i)})$$

が得られる．一方で，仮想粒子を状態方程式に代入することで

$$\boldsymbol{x}_{t+1|t}^{(i)} = f(\boldsymbol{x}_{t|t}^{(i)}, \boldsymbol{w}_t^{(i)}) \qquad (i = 1, \dots, N)$$

が得られるので

$$p(\boldsymbol{x}_{t+1}|\boldsymbol{y}_{1:t}) \approx \frac{1}{N} \sum_{i=1}^{N} \delta(\boldsymbol{x}_{t+1} - \boldsymbol{x}_{t+1|t}^{(i)})$$

が求められる．また，観測更新の条件付き確率密度関数は

$$p(\boldsymbol{x}_t|\boldsymbol{y}_{1:t}) = \frac{p(\boldsymbol{y}_t|\boldsymbol{x}_t) \, p(\boldsymbol{x}_t|\boldsymbol{y}_{1:t-1})}{p(\boldsymbol{y}_t|\boldsymbol{y}_{1:t-1})}$$

$$= \frac{p(\boldsymbol{y}_t|\boldsymbol{x}_t) \, p(\boldsymbol{x}_t|\boldsymbol{y}_{1:t-1})}{\displaystyle\int p(\boldsymbol{y}_t|\boldsymbol{x}_t) \, p(\boldsymbol{x}_t|\boldsymbol{y}_{1:t-1}) \, d\boldsymbol{x}_t}$$

で表される．ここで，分母をモンテカルロ積分によって近似すると

$$\int p(\boldsymbol{y}_t|\boldsymbol{x}_t) \, p(\boldsymbol{x}_t|\boldsymbol{y}_{1:t-1}) \, d\boldsymbol{x}_t$$

$$\approx \int p(\boldsymbol{y}_t|\boldsymbol{x}_t) \left(\frac{1}{N} \sum_{i=1}^{N} \delta(\boldsymbol{x}_t - \boldsymbol{x}_{t|t-1}^{(i)}) \right) d\boldsymbol{x}_t$$

$$= \frac{1}{N} \sum_{i=1}^{N} \alpha_t^{(i)}$$

が得られる．ただし

$$\alpha_t^{(i)} = p(\boldsymbol{y}_t|\boldsymbol{x}_t = \boldsymbol{x}_t^{(i)}) \qquad (i = 1, \dots, N)$$

である．また，分子を

$$p(\boldsymbol{y}_t|\boldsymbol{x}_t)\,p(\boldsymbol{x}_t|\boldsymbol{y}_{1:t-1}) \approx p(\boldsymbol{y}_t|\boldsymbol{x}_t)\left(\frac{1}{N}\sum_{i=1}^{N}\delta(\boldsymbol{x}_t-\boldsymbol{x}_{t|t-1}^{(i)})\right)$$

$$\approx \frac{1}{N}\alpha_t^{(i)}$$

によって近似する．これらを用いて

$$p(\boldsymbol{x}_t|\boldsymbol{y}_{1:t}) \approx \frac{\alpha_t^{(i)}}{\displaystyle\sum_{i=1}^{N}\alpha_t^{(i)}}$$

が得られる．ここで

$$\widetilde{\alpha}_t^{(i)} = \frac{\alpha_t^{(i)}}{\displaystyle\sum_{i=1}^{N}\alpha_t^{(i)}}$$

とおくと，i についての総和が 1 となることから，この量は確率として解釈できることがわかる．したがって，N 個の仮想粒子を標本抽出したとき，それらの出現確率が等確率であれば，$\frac{1}{N}$ となる．一方，仮想粒子のアンサンブルによって近似された条件付き確率密度関数において，それらの出現確率は $\widetilde{\alpha}_t^{(i)}$ $(1 \le i \le N)$ の偏りをもつために推定精度が悪化してしまう（特定の値のまわりを重点的に標本抽出してしまう）ことが懸念される．この偏りを修正する処理を**リサンプリング**（resampling）という．

　リサンプリング手法については，使用する粒子フィルタのアルゴリズムの推定精度と実行速度に直接影響することから精力的に研究されており，さまざまな手法が提案されている．最もオーソドックスなものは各仮想粒子について以下の①〜③を繰り返すことで実現できる．

① 一様乱数 $\xi_t^{(j)} \in [0,\,1)$ を生成する

② 条件

$$\sum_{k=1}^{i-1}\widetilde{\alpha}_t^{(k)} < \xi_t^{(j)} \le \sum_{k=1}^{i}\widetilde{\alpha}_t^{(k)}$$

を満たす番号 i を抽出する

③　新しい仮想粒子を $\boldsymbol{x}_{t|t-1} \to \boldsymbol{x}_{t|t}^{(j)}$ と置き換える

このリサンプリング手法は必ずしも効率的とはいえないが，実装は容易である．

以上をまとめると，粒子フィルタのアルゴリズムは次のとおりとなる．

①　時間 $t = 0$ における状態量の初期分布 $p(\boldsymbol{x}_0)$ から，N 個の仮想粒子を標本抽出して，アンサンブル行列

$$X_{0|-1} = \left[\boldsymbol{x}_{0|-1}^{(1)}, \boldsymbol{x}_{0|-1}^{(2)}, \ldots, \boldsymbol{x}_{0|-1}^{(N)} \right]$$

を得る

②　観測更新を実行する
- 各仮想粒子に対して

$$\alpha_t^{(i)} = p(\boldsymbol{y}_t | \boldsymbol{x}_t = \boldsymbol{x}_{t|t-1}^{(i)}) \qquad (i = 1, \ldots, N)$$

を計算する
- リサンプリングを行い，濾過推定アンサンブル行列

$$X_{t|t} = \left[\boldsymbol{x}_{t|t}^{(1)}, \boldsymbol{x}_{t|t}^{(2)}, \ldots, \boldsymbol{x}_{t|t}^{(N)} \right]$$

を求めた後にアンサンブル平均によって濾過推定値

$$\widehat{\boldsymbol{x}}_{t|t} = \frac{1}{N} \sum_{i=1}^{N} \boldsymbol{x}_{t|t}^{(i)}$$

を得る

③　時間更新を実行する

N 個のシステムノイズ $\boldsymbol{w}_t^{(i)}$ $(1 \leq i \leq N)$ と濾過推定アンサンブル行列 $X_{t|t}$ から

$$\boldsymbol{x}_{t+1|t}^{(i)} = \boldsymbol{f}(\boldsymbol{x}_{t|t}^{(i)}, \boldsymbol{w}_t^{(i)})$$

を計算する

また，1 段予測推定アンサンブル行列

$$X_{t+1|t} = \left[\boldsymbol{x}_{t+1|t}^{(1)}, \boldsymbol{x}_{t+1|t}^{(2)}, \ldots, \boldsymbol{x}_{t+1|t}^{(N)} \right]$$

を求める

④　時間を $t \to t+1$ と更新して，②以降を繰り返す

なお，状態空間モデルが未知パラメータ $\boldsymbol{\theta} \in \mathbb{R}^p$ を含む場合，これも状態量と見なして逐次推定を行うことが可能である．このとき，未知パラメータの時

間発展はランダムウォークモデル

$$\boldsymbol{\theta}_{t+1} = \boldsymbol{\theta}_t + \varepsilon_t \qquad (\varepsilon_t \sim \mathcal{N}(\mathbf{0}, \sigma_t I))$$

で与えられることが多い．また，上記のランダムウォークモデルを改良した

$$\boldsymbol{\theta}_{t+1}^{(i)} \sim \mathcal{N}\left(a\boldsymbol{\theta}_t^{(i)} + (1-a)\bar{\boldsymbol{\theta}}_t, (1-a^2)\bar{V}\right) \qquad (0 < a < 1)$$

$$\bar{\boldsymbol{\theta}}_t = \frac{1}{N} \sum_{i=1}^{N} \boldsymbol{\theta}_t^{(i)}$$

$$\bar{V} = \frac{1}{N-1} \sum_{i=1}^{N} (\boldsymbol{\theta}_t^{(i)} - \bar{\boldsymbol{\theta}}_t)(\boldsymbol{\theta}_t^{(i)} - \bar{\boldsymbol{\theta}}_t)^{\top}$$

が，よりパラメータの収束が早いモデルとして使用されることもある．

4.3 連続時間のベイズモデル

　確率微分方程式の解として与えられる連続時間の確率過程は，確率的パラメータを導入することで状態空間モデル同様に**ベイズモデル**として扱うことが可能である．このような定式化は，数理ファイナンスと非平衡統計物理学の分野で別々に発展してきており，それぞれ金融資産の価格変動のモデリング，および，環境ゆらぎ下でのランダム粒子のモデリングに応用されている．

4.3.1 確率的パラメータ

　確率過程 $\boldsymbol{X}_t \in \mathbb{R}^n$ を解として与える確率微分方程式を

$$d\boldsymbol{X}_t = \boldsymbol{F}(t, \boldsymbol{X}_t; \boldsymbol{\theta}) \, dt + \boldsymbol{G}(t, \boldsymbol{X}_t; \boldsymbol{\theta}) \, d\boldsymbol{W}_t$$

とする．ここで，$\boldsymbol{W}_t \in \mathbb{R}^m$ はブラウン運動，$\boldsymbol{\theta} \in \mathbb{R}^l$ はパラメータ，$\boldsymbol{F} : \mathbb{R}_+ \times \mathbb{R}^n \to \mathbb{R}^n$ および $\boldsymbol{G} : \mathbb{R}_+ \times \mathbb{R}^n \to \mathbb{R}^{n \times m}$ は，それぞれドリフト項と拡散項を表している[*10]．ここで，ドリフト項と拡散項に現れるパラメータ $\boldsymbol{\theta}$ を，確率変数または確率過程として扱う．このようなパラメータを**確率的パラメータ**（random parameter）という．

　確率的パラメータ $\boldsymbol{\theta}_t$ は，適当な確率密度関数によって

[*10]　$\mathbb{R}_+ = [0, \infty)$ である．

$$\boldsymbol{\theta}_t \sim p(\boldsymbol{\theta}_t) \tag{4.25}$$

と標本抽出される．また，確率的パラメータは確率微分方程式

$$d\boldsymbol{\theta}_t = \boldsymbol{A}(t, \boldsymbol{\theta}_t)\, dt + \boldsymbol{B}(t, \boldsymbol{\theta}_t)\, d\boldsymbol{W}_t'$$

の解として与えられることもある．ここで，$\boldsymbol{W}_t' \in \mathbb{R}^k$ はブラウン運動，$\boldsymbol{A} : \mathbb{R}_+ \times \mathbb{R}^l \to \mathbb{R}^l$，および，$\boldsymbol{B} : \mathbb{R}_+ \times \mathbb{R}^l \to \mathbb{R}^{l \times k}$ はそれぞれドリフト項と拡散項である．なお，確率的パラメータが定常確率過程にしたがう場合には定常確率密度関数から直接標本抽出できる．この定常確率密度関数は，確率的パラメータがしたがう確率微分方程式に対応したフォッカー・プランク方程式から導出する．

　主に数理ファイナンスの分野において，金融資産の価格変動を表す確率モデルとして使用されている確率的パラメータをもつ確率微分方程式の 1 つに**ヘストンモデル**（Heston model）がある．これは，金融資産価格の変動が幾何ブラウン運動（2.7.2 項参照）にしたがうと仮定して，対応する確率微分方程式を

$$dS_t = \mu S_t\, dt + \sigma\, dW_t$$

で与えるものである．ここで $S_t \in \mathbb{R}_+$ は金融資産価格，$W_t \in \mathbb{R}$ はブラウン運動である．パラメータ μ，σ はそれぞれ金融資産の**期待リターン**と**ボラティリティ**[*11]である．ヘストンモデルではボラティリティを，確率微分方程式

$$d\sigma_t = \kappa(\eta - \sigma_t)\, dt + \sigma_0 \sqrt{\sigma_t}\, dW_t' \tag{4.26}$$

にしたがう確率的パラメータとして扱う．κ，η，σ_0 はいずれも正のパラメータである．また，$W_t' \in \mathbb{R}$ もまたブラウン運動であるが，W_t との間に相関

$$\mathbb{E}[W_t\, W_t'] = \rho \qquad (-1 \le \rho \le 1)$$

をもつ．式 (4.26) の確率微分方程式は **CIR モデル**（Cox–Ingersoll–Ross model）と呼ばれるもので，元来，債権等の利子率の時間変動に対する確率モデルとして提案されたものである．

　ヘストンモデルにおけるボラティリティがしたがう確率微分方程式を一般形

$$d\sigma_t = A(t, \sigma_t)\, dt + B(t, \sigma_t)\, dW_t' \tag{4.27}$$

[*11]　ボラティリティとは資産価格の変動の大きさを表す量である．

にしたものを**確率的ボラティリティモデル**（stochastic volatility model）という．これまでに確率的ボラティリティモデルとしてさまざまなものが提案されており，理論と実証の両面において精力的な研究が行われている．

一方，幾何ブラウン運動のパラメータであるボラティリティを確率的パラメータとして扱う確率的ボラティリティモデルのほかに，OU 過程（2.7.1 項参照）に確率的パラメータを導入した確率モデルも提案されている．これは，数理ファイナンスの分野では**非ガウス OU モデル**（non-Gaussian OU model）と呼ばれており，Lévy 過程のような裾の厚い確率密度関数にしたがう確率過程を解としてもつ確率微分方程式を求めることに利用されている．また，非平衡統計力学の分野では**超統計**（superstatistics）[*12]として，**ツァリス分布**と呼ばれる，裾の厚い確率密度関数に対応する確率微分方程式を構成する方法が提案されている．

以下，説明を簡単にするため 1 次元の場合について説明するが，多次元への拡張は容易に可能である．1 次元の OU 過程 $X_t \in \mathbb{R}$ は，次の線形確率微分方程式の解として与えられる．

$$dX_t = -\gamma X_t \, dt + \sqrt{2D} \, dW_t$$

ここで，γ, D は正の実パラメータである．1 次元 OU 過程に対応するフォッカー・プランク方程式は

$$\frac{\partial p}{\partial t} = \frac{\partial}{\partial x}(\gamma x p) + D\frac{\partial^2 p}{\partial x^2}$$

となる．いま，定常状態における確率密度関数を $p_s(x)$ とすると，上式は

$$0 = \gamma \frac{d}{dx}(x p_s) + D\frac{d^2 p_s}{dx^2}$$

となるから，$\beta = \dfrac{\gamma}{2D}$ とおくと

$$p_s(x) = \sqrt{\frac{\beta}{\pi}} \, \exp\left(-\beta x^2\right)$$

となる．β は統計物理学の分野では**逆温度**と呼ばれている（4.1.3 項参照）．超

[*12] superstatistics は superposition of statstics の略語であるから，直訳すれば重ね合せ統計や重畳統計となるが，慣例にならって超統計という表現を使用している．

統計では，OU 過程が定常状態にいたるまでの緩和時間に対して，逆温度が変動する時間スケールは十分に大きいものと仮定する．すなわち，逆温度がある値をとった際に，次の値をとるまでの間に OU 過程は定常状態に達するものと仮定する．このように，逆温度の値によって条件付けられた OU 過程の定常状態のことを**局所定常**（local steady state）または**局所平衡**（local equilibrium）という．

局所定常下にある OU 過程の定常確率密度関数は，逆温度 β についての条件付き正規分布

$$p_{\mathrm{LS}}(x|\beta) = \sqrt{\frac{\beta}{\pi}} \, \exp\left(-\beta x^2\right) \tag{4.28}$$

となる．ここで，逆温度がしたがう確率密度関数を $p(\beta)$ とし，式 (4.28) を逆温度 β について周辺化すると，対象とする系の定常確率密度関数

$$p(x) = \int p_{\mathrm{LS}}(x|\beta) \, p(\beta) \, d\beta \tag{4.29}$$

が得られる．

式 (4.29) における $p(\beta)$ として，以下に示す**ガンマ分布**（gamma distribution），**逆ガンマ分布**（inverse gamma distribution），**対数正規分布**（logarithmic normal distribution）の 3 種類が広く用いられている．

- （ガンマ分布）$a > 0,\, b > 0$ に対して
$$p(\beta) = \frac{b^a}{\Gamma(a)} \, \beta^{a-1} \exp\left(-b\beta\right)$$
  ただし，$\Gamma(\cdot)$ はガンマ関数
- （逆ガンマ分布）$a > 0,\, b > 0$ に対して
$$p(\beta) = \frac{b^a}{\Gamma(a)} \frac{1}{\beta^{a+1}} \exp\left(-\frac{b}{\beta}\right)$$
- （対数正規分布）$\mu > 0,\, \sigma > 0$ に対して
$$p(\beta) = \frac{1}{\sqrt{2\pi}\,\sigma\beta} \exp\left(-\frac{(\log \beta - \mu)^2}{2\sigma^2}\right)$$

これら 3 つの確率密度関数のうち，ガンマ分布と逆ガンマ分布については逆温度 β についての周辺化が解析的に実行可能であり，**一般化コーシー分布**（generalized Cauchy distribution）

$$p(x) = \frac{b^a \Gamma\left(a + \dfrac{1}{2}\right)}{\sqrt{\pi}\,\Gamma(a)} \frac{1}{(x^2 + b)^{a + \frac{1}{2}}}$$

および，**ベッセル分布** (Bessel distribution)

$$p(x) = \frac{2}{\Gamma(a)} \sqrt{\frac{b}{\pi}}\, \left[b(x^2 + b)\right]^{\frac{1}{2}\left(a - \frac{1}{2}\right)} K_{a - \frac{1}{2}}\left(2\sqrt{b(x^2 + b)}\right)$$

として求められる．ここで，$K_\nu(\cdot)$ は第 2 種の変形ベッセル関数であり

$$K_\nu(z) = \frac{1}{2}\left(\frac{z}{2}\right)^\nu \int_0^\infty \frac{1}{t^{\nu+1}} \exp\left(-t - \frac{z^2}{4t}\right) dt \qquad \left(|\arg(z)| < \frac{\pi}{4}\right)$$

によって定義される．ここで，$\arg(z)$ は複素数 z の偏角を表す．一方，対数正規分布については，周辺化で表れる積分計算を数値的に実行することになる．

また，ガンマ分布と逆ガンマ分布を含む確率密度関数として

$$p(\beta) = \frac{1}{2K_\nu(\gamma\delta)}\left(\frac{\gamma}{\delta}\right)^\nu \beta^{\nu-1} \exp\left(-\frac{1}{2}\left(\gamma^2\beta + \frac{\delta^2}{\beta}\right)\right)$$

で定義される**一般化逆正規分布** (generalized inverse normal distribution) が数理ファイナンスの分野で使用されている．一般化逆正規分布に関する周辺化は解析的に実行することができ，**一般化双曲型分布** (generalized hyperbolic distribution)

$$p(x) = \sqrt{\frac{\delta}{\pi\gamma}} \frac{1}{K_\nu(\gamma\delta)}\left(1 + \frac{2x^2}{\gamma^2}\right)^{-\frac{1}{2}\left(\nu + \frac{1}{2}\right)} K_{-\nu-\frac{1}{2}}\left(\gamma\delta\sqrt{1 + \frac{2x^2}{\gamma^2}}\right)$$

になることが知られている．また，ガンマ分布と対数正規分布を含む確率密度関数として

$$p(\beta) = \frac{q b^{\frac{a}{q}}}{\Gamma\left(\dfrac{a}{q}\right)} \beta^{a-1} \exp\left(-b\beta^q\right)$$

で定義される**超ガンマ関数** (hyper gamma function)，または**一般化ガンマ関数** (generalized gamma function) と呼ばれるものがある．さらに，逆ガンマ分布をも含む確率密度関数として

$$p(\beta) = \frac{q b^{\frac{a}{q}}}{\Gamma_g\left(\dfrac{a}{q};\, r b^{\frac{1}{q}},\, \dfrac{1}{q}\right)} \beta^{a-1} \exp\left(-b\beta^q - \frac{r}{\beta}\right)$$

で定義される**一般化超ガンマ分布**（generalized hyper gamma function）と呼ばれるものも提案されている．ここで，$\Gamma_g(z; \delta, \varepsilon)$ は一般化ガンマ関数であり

$$\Gamma_g(z; \delta, \varepsilon) = \int_0^\infty t^{z-1} \exp\left(-t - \frac{\delta}{t^\varepsilon}\right) dt \qquad (\mathrm{Re}(z) > 0)$$

で定義される関数である．これらの確率密度関数についての周辺化は数値的手法によって行われる．

　ここまでは逆温度 β を確率的パラメータとして扱ってきたが，定数パラメータ β_0 と確率的パラメータ $\widetilde{\beta}$ によって

$$\beta = \beta_0 + \widetilde{\beta}$$

に分解すると，局所定常状態での確率密度関数は

$$p_{\mathrm{LS}}(x|\beta_0, \widetilde{\beta}) = \sqrt{\frac{\beta_0 + \widetilde{\beta}}{\pi}} \exp\left(-\beta_0 x^2\right) \exp\left(-\widetilde{\beta} x^2\right)$$

となる．これを $\widetilde{\beta}$ に関して周辺化すると

$$p(x) = \frac{1}{\sqrt{\pi}} \exp\left(-\beta_0 x^2\right) \int \sqrt{\beta_0 + \widetilde{\beta}} \exp\left(-\widetilde{\beta} x^2\right) p(\widetilde{\beta}) \, d\widetilde{\beta}$$

が得られる．上式で，積分の外にある $\exp\left(-\beta_0 x^2\right)$ の因子は，確率密度関数の裾が厚くならないようにカットオフする役割を果たす．これにより，高頻度に乱高下する金融時系列や乱流中を運動する粒子の速度のような，変動がきわめて大きいデータに適用する際に分散の発散を抑制する効果が期待できる．

　なお，実問題に確率的パラメータをもつ確率微分方程式を応用する際には，観測データからモデルのパラメータを推定する必要がある．これによって，上記の幾何ブラウン運動や OU 過程のようなシンプルなモデルをベースにしたものであっても，確率的パラメータによる周辺化によって得られる確率密度関数が複雑なものとなる．その際に，最尤推定における尤度関数が複雑になるため，パラメータ推定における工夫が求められる．

4.3.2 EMアルゴリズム

確率的パラメータ Z を含む確率微分方程式の解として与えられる確率過程 X_t の確率密度関数を

$$p(x, t|\theta) = \int p(x, t|z, \theta_X) \, p(z, t|\theta_Z) \, dz \tag{4.30}$$

として，観測データの組 $\{(t_n, x_n)\}_{1 \le n \le N}$ が与えられたときの，パラメータ $\theta = [\theta_X, \theta_Z]$ を推定する問題を考える．

式 (4.30) の問題設定は，実データに対して確率モデルを適用する際に頻繁に現れる．ここで，最尤推定によってパラメータを推定することも可能であるが，確率的パラメータによって周辺化された確率密度関数の尤度は複雑な関数形をしていることが多く，最尤推定における最適化計算がうまく収束しないことがある．対して，式 (4.30) の $p(x, t|z, \theta_X)$, $p(z, t|\theta_Z)$ はそれぞれシンプルな確率密度関数であることが多いから，確率的パラメータによる周辺化を行わずに，これらの尤度を別々に評価できれば最適化計算が効率的に行えると期待できる．これを具体的に行う手法の 1 つが **EMアルゴリズム** (expectation-maximization algorithm) である．以下では簡単のため，EMアルゴリズムの慣例にならって確率密度関数における時間の変数 t を省略する．

EMアルゴリズムでは，パラメータ推定値の系列 $\theta^{(0)}, \theta^{(1)}, \dots, \theta^{(k)}, \dots$ が各ステップにおいて得られるものとし，$k \to \infty$ において真のパラメータ $\theta^{(k)} \to \widehat{\theta}$ に収束するものと仮定する．このとき，観測データの組 $\{(t_n, x_n)\}_{1 \le n \le N}$ に対して，X_t と Z_t がともにマルコフ過程であるとすると，これらの同時確率密度関数に対する対数尤度関数は

$$\log \mathcal{L}(\theta; x_1, x_2, \dots, x_N, z_1, z_2, \dots, z_N)$$
$$= \sum_{n=1}^{N-1} \log p(x_{n+1}|x_n, z_{n+1}, \theta_X) + \sum_{n=1}^{N-1} \log p(z_{n+1}|z_n, \theta_Z) \tag{4.31}$$

となる．ここで，確率的パラメータ z_t は観測されていないことに注意する．さらに，k ステップ目のパラメータ $\theta^{(k)}$ が与えられているものとし，式 (4.31) の対数尤度に対して，Z_t の同時確率密度関数で期待値 $\mathbb{E}_Z[\cdot]$ をとると，θ の関数

$$Q(\boldsymbol{\theta}; \boldsymbol{\theta}^{(k)}) = Q_X(\boldsymbol{\theta}; \boldsymbol{\theta}^{(k)}) + Q_Z(\boldsymbol{\theta}; \boldsymbol{\theta}^{(k)}) \tag{4.32a}$$

$$Q_X(\boldsymbol{\theta}; \boldsymbol{\theta}^{(k)}) = \sum_{n=1}^{N-1} \mathbb{E}_{\boldsymbol{Z}} \left[\log p(\boldsymbol{x}_{n+1}|\boldsymbol{x}_n, \boldsymbol{z}_{n+1}, \boldsymbol{\theta}_X) \right] \tag{4.32b}$$

$$Q_Z(\boldsymbol{\theta}; \boldsymbol{\theta}^{(k)}) = \sum_{n=1}^{N-1} \mathbb{E}_{\boldsymbol{Z}} \left[\log p(\boldsymbol{z}_{n+1}|\boldsymbol{z}_n, \boldsymbol{\theta}_Z) \right] \tag{4.32c}$$

が得られる．式 (4.32a)〜式 (4.32c) に対して最適化計算を行い

$$\boldsymbol{\theta}^{(k+1)} = \arg \max_{\boldsymbol{\theta}} Q(\boldsymbol{\theta}; \boldsymbol{\theta}^{(k)}) \tag{4.33}$$

を求める．これを交互に繰り返すことで，パラメータの系列を収束するまで求めていくのが EM アルゴリズムである．このうち，最適化の目的関数 $Q(\boldsymbol{\theta}; \boldsymbol{\theta}^{(k)})$ を期待値計算により求める手続きを E ステップ，最適化によって次のパラメータ $\boldsymbol{\theta}^{(k+1)}$ を求める手続きを M ステップという．したがって，EM アルゴリズムは次の手順で実行される．

① （初期化）初期パラメータ $\boldsymbol{\theta}^{(0)}$ と収束判定値 $\varepsilon > 0$ の設定
② （E ステップ）目的関数 $Q(\boldsymbol{\theta}; \boldsymbol{\theta}^{(k)})$ を求める
③ （M ステップ）最適化問題を解くことで $\boldsymbol{\theta}^{(k+1)}$ を求める
④ （収束判定）$\|\boldsymbol{\theta}^{(k+1)} - \boldsymbol{\theta}^{(k)}\| < \varepsilon$ であれば終了．そうでなければ $k \to k+1$ として，②から繰り返す

　具体的な例を考えてみよう．1 変数の超統計モデルを

$$p(x) = \int_0^{\infty} p(x|\beta) \, p(\beta) \, d\beta$$

とする．ここで，$p(x|\beta)$ は OU 過程の定常確率密度関数であるから，正規分布

$$p(x|\beta) = \sqrt{\frac{\beta}{\pi}} \exp\left(-\beta x^2\right)$$

となる．また，逆温度 β がしたがう確率密度関数をガンマ分布

$$p(\beta) = \frac{b^a}{\Gamma(a)} \beta^{a-1} \exp\left(-b\beta\right)$$

で与えるとする．このとき，N 個の観測データ $x_{1:N} = \{x_1, x_2, \ldots, x_N\}$ が得られたときの β の事後分布 $p(\beta|x_{1:N})$ は，ベイズの定理より $p(x_{1:N}|\beta) \, p(\beta)$

に比例するため

$$\log p(\beta|x_{1:N}) = \log p(x_{1:N}|\beta) + \log p(\beta) + \mathrm{const}$$

$$= \sum_{n=1}^{N} \log p(x_n|\beta) + \log p(\beta) + \mathrm{const}$$

$$= \left(a + \frac{N}{2} - 1\right) \log \beta + \left(b + \sum_{n=1}^{N} x_n{}^2\right) + \mathrm{const}$$

となる．一方，$p(\beta)$ の対数をとると

$$\log p(\beta) = (a - 1) \log \beta - b\beta + \mathrm{const}$$

である．両者を比較すると

$$p(\beta|x_{1:N}) = \frac{\bar{b}^{\bar{a}}}{\Gamma(\bar{a})} \beta^{\bar{a}-1} \exp\left(-\bar{b}\beta\right)$$

$$\bar{a} = a + \frac{N}{2} - 1$$

$$\bar{b} = b + \sum_{n=1}^{N} x_n{}^2$$

が β の事後分布であることがわかる．これを用いて期待値計算を行うと

$$\int_0^\infty [\log p(x|\beta)] \, p(\beta|x_{1:N}) \, d\beta$$

$$= \frac{1}{2} \int_0^\infty (\log \beta) \, p(\beta|x_{1:N}) \, d\beta - \frac{1}{2} \int_0^\infty p(\beta|x_{1:N}) \, d\beta$$

$$- x^2 \int_0^\infty \beta \, p(\beta|x_{1:N}) \, d\beta$$

となる．ここで，ガンマ分布の m 次モーメントは

$$\mathbb{E}[\beta^m] = \frac{\Gamma(a + m)}{b\Gamma(a)}$$

であることと，1 次の対数モーメントについて

$$\mathbb{E}[\log \beta] = \frac{d}{dz}\mathbb{E}[\beta^z]\Big|_{z=0}$$

が成り立つことから，結局

$$\int_0^\infty [\log p(x|\beta)] \, p(\beta) \, d\beta = \frac{\bar{a}}{2\bar{b}} - \frac{1}{2} - \psi(\bar{a})$$

であることがわかる．$\psi(a)$ は**ディガンマ関数** (digamma function)

$$\psi(a) = \frac{d}{da} \log \Gamma(a)$$

である．同様にして

$$\int_0^\infty [\log p(\beta)] \, p(\beta|x_{1:N}) \, d\beta$$
$$= a \log b - \log \Gamma(a)$$
$$\quad + (a-1) \int_0^\infty (\log \beta) \, p(\beta|x_{1:N}) \, d\beta - b \int_0^\infty \beta^2 \, p(\beta|x_{1:N}) \, d\beta$$
$$= a \log b - \log \Gamma(a) + (a-1) \, \psi(\bar{a}) - b \, \frac{\bar{a}(\bar{a}+1)}{\bar{b}^2}$$

が得られる．ここで，EM アルゴリズムにおいて，k ステップ目のパラメータ

$$\boldsymbol{\theta}^{(k)} = [a^{(k)}, \, b^{(k)}]$$

によって E ステップの期待値計算における β の事後分布のパラメータを

$$\bar{a} = a^{(k)} + \frac{N}{2} - 1$$
$$\bar{b} = b^{(k)} + \sum_{n=1}^{N} x_n{}^2$$

として更新すると，M ステップにおける目的関数は

$$Q(a, b; a^{(k)}, b^{(k)}) = a \log b - \log \Gamma(a) + (a-1) \, \psi(\bar{a})$$
$$- b \, \frac{\bar{a}(\bar{a}+1)}{\bar{b}^2} + \frac{\bar{a}}{2\bar{b}} - \frac{1}{2} - \psi(\bar{a})$$

であることがわかる．

このようにして，EM アルゴリズムを用いて 1 変数の超統計モデルのパラメータを推定することができる．同様にして多変量の超統計モデルのパラメータを推定することも可能である．ただし，その際には，逆温度 β の事後分布とそれを用いた期待値計算のすべてが解析的に実行できる保証はない．そのような場合に対しては，事後分布の計算やそれによる期待値計算を近似的に行う方法として，変分ベイズ法やマルコフ連鎖モンテカルロ法が使用される．

第 5 章

確率過程と機械学習

　本章では確率過程の**機械学習**（machine learning）への応用について説明する．機械学習とは，与えられたデータの中から自動的にパターンを学習するためのデータ解析技術であり，**パターン認識**（pattern recognition）とも呼ばれている．人工知能の一分野として精力的に研究されており，産業応用が積極的に進められている分野である．

　前章までは時間発展するランダムな変動を確率過程の対象としてきたが，本章では確率過程の引数を必ずしも時間変数には限定しない形で取り扱う．

5.1　ガウス過程回帰

5.1.1　ガウス過程回帰の導入

　機械学習への確率過程の応用として**ガウス過程回帰**（Gaussian process regression; **GPR**）が知られている．これはベイズ線形回帰をカーネル関数によって無限次元空間へと拡張したモデルである．本章では，まずベイズ線形回帰について説明し，続いてガウス過程を導出する．

　ここでは，第 4 章で導入した基底関数による線形回帰を考える．M 個の基底関数

$$\phi_m : \mathbb{R}^N \;\rightarrow\; \mathbb{R} \qquad (m = 1, \dots, M)$$

に対して回帰係数を $w_m \in \mathbb{R}\,(m = 1, \dots, M)$ とするとき

$$y = w_1\phi_1(\boldsymbol{x}) + w_2\phi_2(\boldsymbol{x}) + \cdots + w_M\phi_M(\boldsymbol{x})$$
$$= \langle \boldsymbol{w},\, \boldsymbol{\phi}(\boldsymbol{x}) \rangle$$

で与えられる回帰式が線形回帰モデルであった．ここで，基底関数をまとめて

$$\boldsymbol{\phi}(\boldsymbol{x}) = [\phi_1(\boldsymbol{x}),\, \phi_2(\boldsymbol{x}),\, \ldots,\, \phi_M(\boldsymbol{x})]^\top$$

と表記した．ベイズ線形回帰では回帰係数 $\boldsymbol{w}$ を確率変数として扱うが，ここでは特に正規分布

$$\boldsymbol{w} \sim \mathcal{N}(\boldsymbol{0},\, \sigma I)$$

にしたがう場合を対象とする．

以下，説明変数 $\boldsymbol{x} \in \mathbb{R}^N$ と目的変数 $y \in \mathbb{R}$ との関係をベイズ線形回帰によって推定することを考える．これは，D 個の観測データの組

$$\mathcal{D} = \{(\boldsymbol{x}^{(1)},\, y^{(1)}),\, (\boldsymbol{x}^{(2)},\, y^{(2)}),\, \ldots,\, (\boldsymbol{x}^{(D)},\, y^{(D)})\}$$

に対して

$$\begin{cases} y^{(1)} = \langle \boldsymbol{w},\, \boldsymbol{\phi}(\boldsymbol{x}^{(1)}) \rangle \\ y^{(2)} = \langle \boldsymbol{w},\, \boldsymbol{\phi}(\boldsymbol{x}^{(2)}) \rangle \\ \qquad \vdots \\ y^{(D)} = \langle \boldsymbol{w},\, \boldsymbol{\phi}(\boldsymbol{x}^{(D)}) \rangle \end{cases} \tag{5.1}$$

を求める問題である．ここで

$$\boldsymbol{X} = [\boldsymbol{x}^{(1)},\, \boldsymbol{x}^{(2)},\, \ldots,\, \boldsymbol{x}^{(D)}] \in \mathbb{R}^{D \times N}$$
$$\boldsymbol{y} = [y^{(1)},\, y^{(2)},\, \ldots,\, y^{(D)}]^\top \in \mathbb{R}^D$$

および

$$\boldsymbol{\Phi}(\boldsymbol{X}) = [\boldsymbol{\phi}(\boldsymbol{x}^{(1)}),\, \boldsymbol{\phi}(\boldsymbol{x}^{(2)}),\, \ldots,\, \boldsymbol{\phi}(\boldsymbol{x}^{(D)})]^\top$$

とすると，式 (5.1) は

$$\boldsymbol{y} = \boldsymbol{\Phi}(\boldsymbol{X})\boldsymbol{w} \tag{5.2}$$

と表される．式 (5.2) の両辺の期待値をとると，$\boldsymbol{w}$ が平均 $\boldsymbol{0}$ の正規分布にした

がうことから

$$\mathbb{E}[\boldsymbol{y}] = \boldsymbol{0}$$

となる．また，共分散については

$$\boldsymbol{y}\boldsymbol{y}^\top = (\boldsymbol{\Phi}(\boldsymbol{X})\boldsymbol{w}) \, (\boldsymbol{\Phi}(\boldsymbol{X})\boldsymbol{w})^\top$$
$$= \boldsymbol{\Phi}(\boldsymbol{X}) \, (\boldsymbol{w}\boldsymbol{w}^\top) \, \boldsymbol{\Phi}(\boldsymbol{X})^\top$$

および，$\boldsymbol{w}$ の共分散行列が $\sigma^2 I$ であることから

$$\mathbb{E}[(\boldsymbol{y} - \mathbb{E}[\boldsymbol{y}]) \, (\boldsymbol{y} - \mathbb{E}[\boldsymbol{y}])^\top] = \sigma^2 \, \boldsymbol{\Phi}(\boldsymbol{X}) \, \boldsymbol{\Phi}(\boldsymbol{X})^\top$$

である．したがって，共分散行列を

$$K(\boldsymbol{X}, \boldsymbol{X}) = \sigma^2 \, \boldsymbol{\Phi}(\boldsymbol{X}) \, \boldsymbol{\Phi}(\boldsymbol{X})^\top \tag{5.3}$$

とおくと

$$\boldsymbol{y} \sim \mathcal{N}(\boldsymbol{0}, K(\boldsymbol{X}, \boldsymbol{X})) \tag{5.4}$$

となることがわかる．式 (5.4) より，目的変数 y が，説明変数 $\boldsymbol{x}$ に依存する共分散行列をもつ正規分布によって回帰される．

式 (5.3) の共分散行列 K は任意の基底関数の組から導出されており，基底関数の組合せによって表現の自由度をもたせることができるため，式 (5.4) は多種多様なデータセットに適用可能である．ただし，基底関数の個数が増加するとそれだけ共分散行列の計算コストが増大することになる．

ここで，共分散行列 K の (i, j) 成分についてみてみると

$$K_{i,j} = \langle \boldsymbol{\phi}(\boldsymbol{x}^{(i)}), \, \boldsymbol{\phi}(\boldsymbol{x}^{(j)}) \rangle$$
$$= \langle \boldsymbol{\phi}(\boldsymbol{x}^{(j)}), \, \boldsymbol{\phi}(\boldsymbol{x}^{(i)}) \rangle$$
$$= K_{j,i}$$

であることから，対称性を満たすことがわかる．さらに，対角成分が

$$K_{i,i} = \langle \boldsymbol{\phi}(\boldsymbol{x}^{(i)}), \, \boldsymbol{\phi}(\boldsymbol{x}^{(i)}) \rangle$$
$$= \|\boldsymbol{\phi}(\boldsymbol{x}^{(i)})\|^2$$

であることから，共分散行列 K を基底関数の内積から求める必要はなく，正

の値をとる任意の対称関数*1 によって

$$K_{i,j} = k(\boldsymbol{x}^{(i)}, \boldsymbol{x}^{(j)})$$

として与えればよいことがわかる．このような関数 $k(\cdot, \cdot)$ を**カーネル関数**（kernel function）という．また，基底関数の内積を計算するかわりに，カーネル関数によって共分散行列を求める方法を**カーネルトリック**（kernel trick）という．共分散行列 K はカーネル関数によって構成されることから，**カーネル行列**（kernel matrix）ともいう．

　以上を整理すると，説明変数と目的変数の組が与えられたとき，カーネル関数によって共分散行列を構成することができ，それによって多変数正規分布からベイズ線形回帰モデルが得られることになる．この事実をもとに，ガウス過程回帰は以下のように定義される．

　ガウス過程 $f : \mathbb{R}^N \to \mathbb{R}$ とは，任意の説明変数 $\boldsymbol{x} \in \mathbb{R}^N$ に対して

$$\boldsymbol{f} = [f(\boldsymbol{x}^{(1)}), f(\boldsymbol{x}^{(2)}), \dots, f(\boldsymbol{x}^{(D)})]$$

が，平均

$$\boldsymbol{\mu} = [\mu(\boldsymbol{x}^{(1)}), \mu(\boldsymbol{x}^{(2)}), \dots, \mu(\boldsymbol{x}^{(D)})]$$

と，カーネル関数によって (i, j) 成分が

$$K_{i,j} = k(\boldsymbol{x}^{(i)}, \boldsymbol{x}^{(j)})$$

で与えられる共分散行列 K によって与えられる正規分布 $\mathcal{N}(\boldsymbol{\mu}, K)$ にしたがうものをいう．これを

$$f \sim \mathcal{GP}(\mu(\cdot), k(\cdot, \cdot)) \tag{5.5}$$

と表記する．ガウス過程による回帰のことを**ガウス過程回帰**という．

　ガウス過程回帰は，使用するカーネル関数によって表現の自由度をもたせることができることが特長である．よく使用されるカーネル関数としては，次のものがある．

---

*1　引数の順序を変えても同じ値をとる関数を**対称関数**（symmetric function）という．

① (**動径基底関数カーネル** (radial basis function kernel; RBF kernel),
   または,**ガウシアンカーネル** (Gaussian kernel))

$$k_{\mathrm{RBF}}(\boldsymbol{x}, \boldsymbol{x}') = \alpha \exp \left(-l\|\boldsymbol{x} - \boldsymbol{x}'\|^2\right)$$

② (**指数関数カーネル** (exponential kernel))

$$k_{\mathrm{Exp}}(\boldsymbol{x}, \boldsymbol{x}') = \alpha \exp \left(-l\|\boldsymbol{x} - \boldsymbol{x}'\|\right)$$

③ (**Matérn カーネル** (Matérn kernel))

$$k_{\mathrm{Mat}}(\boldsymbol{x}, \boldsymbol{x}') = \frac{1}{2^{\nu-1}\Gamma(\nu)} \left(\frac{\sqrt{2\nu}}{l}\|\boldsymbol{x} - \boldsymbol{x}'\|\right)^{\nu} K_{\nu} \left(\frac{\sqrt{2\nu}}{l}\|\boldsymbol{x} - \boldsymbol{x}'\|\right)$$

ただし,$\Gamma(\cdot)$ はガンマ関数,$K_{\nu}(\cdot)$ は変形ベッセル関数

ほかにもさまざまなカーネル関数が提案されており,対象とする問題ごとに適切なものが選択される.さらに,カーネル関数どうしの和と積もまた対称性を示すことから,カーネル関数として使用することができる.

5.1.2　ガウス過程回帰のパラメータ推定

動径基底関数カーネルや指数関数カーネルの α や l のように,一般にカーネル関数はパラメータを含む.同様に,平均関数もまたパラメータを含む.ガウス過程回帰を実データ解析に応用する際には,これらのパラメータを与えられたデータから推定する.以下では最尤推定とハミルトニアンモンテカルロ法による推定方法を説明する.

まずは最尤推定(4.1.1 項参照)によるカーネル関数のパラメータ推定について説明する.いま,平均関数とカーネル関数に含まれるパラメータをまとめて $[\boldsymbol{\theta}, \boldsymbol{\theta}^*]$ とし,ガウス過程回帰に対応する正規分布を $\mathcal{N}(\boldsymbol{\mu}_{\boldsymbol{\theta}^*}, K_{\boldsymbol{\theta}})$ とする.ここで,平均と共分散行列がそれぞれパラメータ $\boldsymbol{\theta}^*$,$\boldsymbol{\theta}$ に依存することを明示するために,それぞれ $\boldsymbol{\mu}_{\boldsymbol{\theta}^*}$,$K_{\boldsymbol{\theta}}$ と表記している.このとき,対数尤度関数は

$$\mathcal{L} = \log \mathcal{N}(\mu_{\boldsymbol{\theta}^*}, K_{\boldsymbol{\theta}})$$
$$= -\frac{D}{2} \log 2\pi - \frac{1}{2} \log |K_{\boldsymbol{\theta}}| - \frac{1}{2}(\boldsymbol{y} - \boldsymbol{\mu}_{\boldsymbol{\theta}^*})^{\top} K_{\boldsymbol{\theta}}^{-1} (\boldsymbol{y} - \boldsymbol{\mu}_{\boldsymbol{\theta}^*})$$

であるから,パラメータ $\boldsymbol{\theta}$,$\boldsymbol{\theta}^*$ を推定するためには,対数尤度関数のパラメータ $\boldsymbol{\theta}$,$\boldsymbol{\theta}^*$ についての勾配から停留点[*2]を求めればよい.ここで,行列の微分

---

*2　写像 $\boldsymbol{f}(\boldsymbol{x})$ の勾配が $\boldsymbol{0}$ となる点 $\boldsymbol{x}$ を**停留点** (critical point) という.

に関する公式

$$\frac{\partial}{\partial \boldsymbol{\theta}} \log |K_{\boldsymbol{\theta}}| = \mathrm{tr} \left(K_{\boldsymbol{\theta}}^{-1} \frac{\partial K_{\boldsymbol{\theta}}}{\partial \boldsymbol{\theta}} \right)$$

$$\frac{\partial}{\partial \boldsymbol{\theta}} K_{\boldsymbol{\theta}}^{-1} = K_{\boldsymbol{\theta}}^{-1} \frac{\partial K_{\boldsymbol{\theta}}}{\partial \boldsymbol{\theta}} K_{\boldsymbol{\theta}}^{-1}$$

を利用すると，対数尤度関数の勾配は

$$\frac{\partial \mathcal{L}}{\partial \boldsymbol{\theta}} = -\frac{1}{2} \mathrm{tr} \left(K_{\boldsymbol{\theta}}^{-1} \frac{\partial K_{\boldsymbol{\theta}}}{\partial \boldsymbol{\theta}} \right) + \frac{1}{2} [K_{\boldsymbol{\theta}}^{-1}(\boldsymbol{y} - \boldsymbol{\mu}_{\boldsymbol{\theta}^*})]^{\top} \frac{\partial K_{\boldsymbol{\theta}}}{\partial \boldsymbol{\theta}} K_{\boldsymbol{\theta}}^{-1}(\boldsymbol{y} - \boldsymbol{\mu}_{\boldsymbol{\theta}^*})$$

$$\frac{\partial \mathcal{L}}{\partial \boldsymbol{\theta}^*} = (\boldsymbol{y} - \boldsymbol{\mu}_{\boldsymbol{\theta}^*})^{\top} K_{\boldsymbol{\theta}}^{-1} \frac{\partial \boldsymbol{\mu}_{\boldsymbol{\theta}^*}}{\partial \boldsymbol{\theta}^*}$$

となる[*3]．さらに，各パラメータ $\boldsymbol{\theta}$ に対する正則化項を付与するために事前分布 $p(\boldsymbol{\theta})$，$p(\boldsymbol{\theta}^*)$ を導入すると，対応する対数尤度関数は

$$\widetilde{\mathcal{L}} = \log \mathcal{N}(\mu_{\boldsymbol{\theta}^*}, K_{\boldsymbol{\theta}}) \, p(\boldsymbol{\theta}) \, p(\boldsymbol{\theta}^*)$$

$$= \log \mathcal{N}(\mu_{\boldsymbol{\theta}^*}, K_{\boldsymbol{\theta}}) + \log p(\boldsymbol{\theta}) + \log p(\boldsymbol{\theta}^*)$$

となる．したがって，勾配は

$$\frac{\partial \widetilde{\mathcal{L}}}{\partial \boldsymbol{\theta}} = \frac{\partial \mathcal{L}}{\partial \boldsymbol{\theta}} + \frac{\partial \log p(\boldsymbol{\theta})}{\partial \boldsymbol{\theta}}$$

$$\frac{\partial \widetilde{\mathcal{L}}}{\partial \boldsymbol{\theta}^*} = \frac{\partial \mathcal{L}}{\partial \boldsymbol{\theta}^*} + \frac{\partial \log p(\boldsymbol{\theta}^*)}{\partial \boldsymbol{\theta}^*}$$

となる．すなわち，正則化項を付与するためには，ガウス過程回帰の対数尤度関数の勾配に事前分布の対数の勾配を付加すればよい．これらの勾配にもとづいてパラメータ $\boldsymbol{\theta}$，$\boldsymbol{\theta}^*$ の最適化を行う．

　しかし，勾配を使用する最尤推定は選択したパラメータ探索の初期値によっては局所解に陥ってしまうという問題がある．この問題を回避し大域最適解を得るために，マルコフ連鎖モンテカルロ法（4.1.3 項参照）を使用する．以下ではマルコフ連鎖モンテカルロ法の一種であるハミルトニアンモンテカルロ法を用いたガウス過程回帰のパラメータ推定について説明する．

　パラメータ $\boldsymbol{\theta}$ の事前分布を導入した場合のガウス過程回帰に対応するハミルトニアンは

[*3]　$\mathrm{tr} \, A$ はトレースといい，行列 A の対角成分どうしの和を表す．

$$H(\boldsymbol{\theta},\, \boldsymbol{r}) = \frac{1}{2}\|\boldsymbol{r}\|^2 + V(\boldsymbol{\theta})$$
$$= \frac{1}{2}\|\boldsymbol{r}\|^2 - \log\left(\mathcal{N}(\mu_{\boldsymbol{\theta}},\, K_{\boldsymbol{\theta}})\, p(\boldsymbol{\theta})\right)$$

である．ここで，ポテンシャル関数は対数尤度の符号を反転させたものであるから，ガウス過程回帰に対応するハミルトンの運動方程式は

$$\frac{d\boldsymbol{\theta}}{dt} = \boldsymbol{r}$$
$$\frac{d\boldsymbol{r}}{dt} = \frac{\partial \mathcal{L}}{\partial \boldsymbol{\theta}} + \frac{\partial \log p(\boldsymbol{\theta})}{\partial \boldsymbol{\theta}}$$

となる．これを適切な数値解法を用いて解くことで，パラメータ $\boldsymbol{\theta}$ の事後分布を求めることができる．

5.1.3　ガウス過程回帰の予測分布

　機械学習を実データ解析に応用する際には，与えられたデータからモデルのパラメータを学習した後に，学習済みモデルを使用して未知の入力に対する出力の予測が行われる．ガウス過程回帰においても同様に，未知の入力に対する予測を行うことが可能である．その際には，ベイズ回帰同様に，未知の $\boldsymbol{x}^*$ から予測値 y^* を得る場合には正規分布の条件付き分布を使用する．既知のデータセット

$$\mathcal{D} = \{(\boldsymbol{x}^{(1)},\, y^{(1)}),\, (\boldsymbol{x}^{(2)},\, y^{(2)}),\, \ldots,\, (\boldsymbol{x}^{(D)},\, y^{(D)})\}$$

に，未知の入力と出力の組 $((\boldsymbol{x}^*,\, y^*))$ を加えた際の平均と共分散行列をそれぞれ

$$\widetilde{\boldsymbol{\mu}} = [\mu(\boldsymbol{x}^{(1)}),\, \mu(\boldsymbol{x}^{(2)}),\, \ldots,\, \mu(\boldsymbol{x}^{(D)}),\, \mu(\boldsymbol{x}^*)]^\top$$
$$= [\boldsymbol{\mu}(\boldsymbol{X})^\top,\, \mu(\boldsymbol{x}^*)]^\top$$

および

$$\widetilde{K} = \begin{bmatrix} k(\boldsymbol{x}^{(1)},\, \boldsymbol{x}^{(1)}) & k(\boldsymbol{x}^{(1)},\, \boldsymbol{x}^{(2)}) & \cdots & k(\boldsymbol{x}^{(1)},\, \boldsymbol{x}^{(D)}) & k(\boldsymbol{x}^{(1)},\, \boldsymbol{x}^{(*)}) \\ k(\boldsymbol{x}^{(2)},\, \boldsymbol{x}^{(1)}) & k(\boldsymbol{x}^{(2)},\, \boldsymbol{x}^{(2)}) & \cdots & k(\boldsymbol{x}^{(2)},\, \boldsymbol{x}^{(D)}) & k(\boldsymbol{x}^{(2)},\, \boldsymbol{x}^{(*)}) \\ \vdots & \vdots & \vdots & \vdots & \vdots \\ k(\boldsymbol{x}^{(D)},\, \boldsymbol{x}^{(1)}) & k(\boldsymbol{x}^{(D)},\, \boldsymbol{x}^{(2)}) & \cdots & k(\boldsymbol{x}^{(D)},\, \boldsymbol{x}^{(D)}) & k(\boldsymbol{x}^{(D)},\, \boldsymbol{x}^{(*)}) \\ k(\boldsymbol{x}^{(*)},\, \boldsymbol{x}^{(1)}) & k(\boldsymbol{x}^{(*)},\, \boldsymbol{x}^{(2)}) & \cdots & k(\boldsymbol{x}^{(*)},\, \boldsymbol{x}^{(D)}) & k(\boldsymbol{x}^{(*)},\, \boldsymbol{x}^{(*)}) \end{bmatrix}$$

$$\begin{bmatrix} K(\boldsymbol{X}, \boldsymbol{X}) & k(\boldsymbol{X}, \boldsymbol{x}^*) \\ k(\boldsymbol{x}^*, \boldsymbol{X}) & k(\boldsymbol{x}^*, \boldsymbol{x}^*) \end{bmatrix}$$

とすると

$$\begin{bmatrix} \boldsymbol{y} \\ y^* \end{bmatrix} \sim \mathcal{N}\left(\begin{bmatrix} \boldsymbol{\mu}(\boldsymbol{X}) \\ \mu(\boldsymbol{x}^*) \end{bmatrix}, \begin{bmatrix} K(\boldsymbol{X}, \boldsymbol{X}) & k(\boldsymbol{X}, \boldsymbol{x}^*) \\ k(\boldsymbol{x}^*, \boldsymbol{X}) & k(\boldsymbol{x}^*, \boldsymbol{x}^*) \end{bmatrix} \right)$$

となる．ここで，正規分布の条件付き確率密度関数もまた正規分布となることから，予測分布は

$$p(y^*|\boldsymbol{x}^*, \mathcal{D}) = \mathcal{N}(\mu^*, k^*) \tag{5.6a}$$

$$\mu^* = \mu(\boldsymbol{x}^*) + k(\boldsymbol{x}^*, \boldsymbol{X})\, K(\boldsymbol{X}, \boldsymbol{X})^{-1}(\boldsymbol{y} - \boldsymbol{\mu}(\boldsymbol{X})) \tag{5.6b}$$

$$k^* = k(\boldsymbol{x}^*, \boldsymbol{x}^*) - k(\boldsymbol{x}^*, \boldsymbol{X})\, K(\boldsymbol{X}, \boldsymbol{X})^{-1}\, k(\boldsymbol{X}, \boldsymbol{x}^*) \tag{5.6c}$$

と求められる．

5.1.4　ガウス過程潜在変数モデル

ガウス過程回帰は，説明変数 $\boldsymbol{x}$ と目的変数 y を関係付ける関数 $y = f(\boldsymbol{x})$ を確率過程であるガウス過程としてモデル化するものである．これを発展させて，ある量 y の変化を説明する潜在変数 $\boldsymbol{x}$ が存在すると仮定して，ガウス過程によって

$$y = f(\boldsymbol{x}) \qquad (f \sim \mathcal{GP}(0, k(\cdot))) \tag{5.7}$$

と表されるモデルを**ガウス過程潜在変数モデル**（Gaussian process latent variable model; **GPLVM**）という．式 (5.7) では簡単のために平均関数を 0 としているが，任意の平均関数を与えることが可能である．

以下，ガウス過程潜在変数モデルを導出する．D 個の観測データの組 $\boldsymbol{y}^{(d)} \in \mathbb{R}^N$ $(d = 1, 2, \ldots, D)$ に対して，目的変数を $\boldsymbol{Y} = [\boldsymbol{y}^{(1)}, \boldsymbol{y}^{(2)}, \ldots, \boldsymbol{y}^{(D)}]^\top$ とする．さらに，各 $\boldsymbol{y}^{(d)}$ が同じ環境で観測されているとすると，それぞれの成分どうしは似たような挙動をするものと考えられるから

$$\boldsymbol{y}_n = [y_n^{(1)}, y_n^{(2)}, \ldots, y_n^{(D)}]^\top \qquad (n = 1, 2, \ldots, N)$$

としたときに，このベクトルの各成分は近い値をとることが予想される．各 n

に対してガウス過程

$$f_n \sim \mathcal{GP}(0, k)$$

が存在し,潜在変数 $x^{(d)} \in \mathbb{R}^M$ によって,$y_n^{(d)} = f_x(x^{(d)})$ と表されるとする.ここで,潜在変数の次元 M を $M < N$ とすると,潜在変数 x は観測された y をより少ない情報で表現できることになる.これがガウス過程潜在変数モデルである.したがって,ガウス過程潜在変数モデルは,潜在変数と観測データとの間の非線形な関係をモデル化した次元削減手法として使用することが可能であり,$X = [x^1, x^2, \ldots, x^D]$ とすると

$$p(Y|X) = \prod_{n=1}^{N} \mathcal{N}(y_n|\mathbf{0}, K(X, X)) \tag{5.8}$$

である.具体的には

$$
\begin{aligned}
p(Y|X) &= \prod_{n=1}^{N} \frac{1}{\sqrt{(2\pi)^D |K(X, X)|}} \exp\left(-\frac{1}{2} y_n^\top K(X, X)^{-1} y_n\right) \\
&= \frac{1}{\sqrt{(2\pi)^{ND} |K(X, X)|^N}} \exp\left(-\frac{1}{2} \sum_{n=1}^{N} y_n^\top K(X, X)^{-1} y_n\right) \\
&= \frac{1}{\sqrt{(2\pi)^{ND} |K(X, X)|^N}} \exp\left(-\frac{1}{2} \mathrm{tr}(Y^\top K(X, X)^{-1} Y)\right)
\end{aligned}
$$

で与えられる.ここで,潜在変数 x は直接観測されない量であり,観測データから推定される.ガウス過程潜在変数モデルでは,潜在変数 x の次元が N_x,パラメータ θ の次元が N_θ であるとき,$N_x + N_\theta$ 個のパラメータを推定する必要がある.

ガウス過程潜在モデルの対数尤度関数は,ガウス過程回帰同様に

$$\mathcal{L} = -\frac{D}{2} \log 2\pi - \frac{1}{2} \log |K_\theta(X, X)| - \frac{1}{2} \mathrm{tr}(Y^\top K_\theta(X, X)^{-1} Y)$$

で与えられるが,ガウス過程回帰と異なり,潜在変数 x も推定する必要があるため,対数尤度関数の x についての勾配も必要になる.これは

$$\frac{\partial \mathcal{L}}{\partial x} = \frac{\partial \mathcal{L}}{\partial K_\theta(X, X)} \frac{\partial K_\theta(X, X)}{\partial x}$$

から求めることができる.ここで,共分散行列の対称性から

$$\frac{\partial}{\partial K} \log |K_{\boldsymbol{\theta}}(\boldsymbol{X}, \boldsymbol{X})| = K_{\boldsymbol{\theta}}(\boldsymbol{X}, \boldsymbol{X})^{-1}$$

$$\frac{\partial}{\partial K} \mathrm{tr}(\boldsymbol{Y}^\top K_{\boldsymbol{\theta}}(\boldsymbol{X}, \boldsymbol{X})^{-1}\boldsymbol{Y}) = -K_{\boldsymbol{\theta}}(\boldsymbol{X}, \boldsymbol{X})^{-1}\boldsymbol{Y}\boldsymbol{Y}^\top K_{\boldsymbol{\theta}}(\boldsymbol{X}, \boldsymbol{X})^{-1}$$

となる．したがって

$$\frac{\partial \mathcal{L}}{\partial \boldsymbol{x}} = -\frac{1}{2}\left[I - K_{\boldsymbol{\theta}}(\boldsymbol{X}, \boldsymbol{X})^{-1}\boldsymbol{Y}\boldsymbol{Y}^\top\right] K_{\boldsymbol{\theta}}(\boldsymbol{X}, \boldsymbol{X})^{-1}\frac{\partial K_{\boldsymbol{\theta}}(\boldsymbol{X}, \boldsymbol{X})}{\partial \boldsymbol{x}}$$

である．上式の共分散行列の潜在変数による偏微分は，成分ごとに個々のカーネル関数を偏微分することで得られる．

さらに，ガウス過程回帰におけるパラメータ推定と同様に，潜在変数とパラメータにそれぞれ事前分布 $p(\boldsymbol{x})$, $p(\boldsymbol{\theta})$ を導入すると，勾配は

$$\frac{\partial \widetilde{\mathcal{L}}}{\partial \boldsymbol{\theta}} = \frac{\partial \mathcal{L}}{\partial \boldsymbol{\theta}} + \frac{\partial \log p(\boldsymbol{\theta})}{\partial \boldsymbol{\theta}}$$

$$\frac{\partial \widetilde{\mathcal{L}}}{\partial \boldsymbol{x}} = \frac{\partial \mathcal{L}}{\partial \boldsymbol{x}} + \frac{\partial \log p(\boldsymbol{x})}{\partial \boldsymbol{x}}$$

となる．

以上より，ガウス過程潜在変数モデルのパラメータの最適値を求めるには，勾配を利用した最尤推定やハミルトニアンモンテカルロ法によって潜在変数とパラメータを最適化すればよいことがわかる．

5.1.5　ガウス過程動的潜在変数モデル

ガウス過程潜在変数モデルにおける潜在変数を時間発展させることにより，時系列データ解析に応用することが可能である．ここで，観測データの系列 $\boldsymbol{y}_0, \boldsymbol{y}_1, \ldots, \boldsymbol{y}_m, \ldots$ に対して，動的潜在変数の系列 $\boldsymbol{x}_0, \boldsymbol{x}_1, \ldots, \boldsymbol{x}_m, \ldots$ を導入し，ガウス過程によって

$$\boldsymbol{x}_m = f(\boldsymbol{x}_{m-1}) \qquad (f \sim \mathcal{GP}(0, k(\cdot))) \tag{5.9a}$$

$$\boldsymbol{y}_m = g(\boldsymbol{x}_m) \qquad (g \sim \mathcal{GP}(0, k'(\cdot))) \tag{5.9b}$$

としたものを**ガウス過程動的潜在変数モデル**（Gaussian process dynamical model; **GPDM**）という．ここで，式 (5.9a)，式 (5.9b) では簡単のために平均関数を 0 としたが，任意の平均関数を与えることも可能である．

ガウス過程動的潜在変数モデルは，状態空間モデルの一種であるため，アン

サンブルカルマンフィルタや粒子フィルタ等のフィルタリング手法によって状態推定を行うことが可能である．加えて，ガウス過程潜在変数モデル同様に，M 個の観測データの系列 $\boldsymbol{y}_1, \ldots, \boldsymbol{y}_M$ が得られた際に，対応する動的潜在変数の系列 $\boldsymbol{x}_0, \boldsymbol{x}_1, \ldots, \boldsymbol{x}_M$ とパラメータを同時に推定することも可能である．

ガウス過程動的潜在変数モデルの動的潜在変数の系列に対して

$$\boldsymbol{X}_{0:M-1} = [\boldsymbol{x}_0, \boldsymbol{x}_1, \ldots, \boldsymbol{x}_{M-1}]$$

および

$$\boldsymbol{X}_{1:M} = [\boldsymbol{x}_1, \boldsymbol{x}_2, \ldots, \boldsymbol{x}_M]$$

とする．初期値 $\boldsymbol{x}_0$ がしたがう確率密度関数を $p(\boldsymbol{x}_0)$ として

$$\boldsymbol{X}_{0:M} = [\boldsymbol{x}_0, \boldsymbol{x}_1, \ldots, \boldsymbol{x}_M]$$

とすると，状態方程式に対して

$$p(\boldsymbol{X}_{0:M}) = \prod_{m=1}^{M} p(\boldsymbol{x}_m | \boldsymbol{x}_{m-1}) \, p(\boldsymbol{x}_0)$$

であることから，ガウス過程潜在変数モデルと同様の計算を行うことで

$$\begin{aligned}
p(\boldsymbol{X}_{0:M}) &= \frac{1}{\sqrt{(2\pi)^{MD}|K'(\boldsymbol{X}_{0:M-1}, \boldsymbol{X}_{0:M-1})|^M}} \\
&\quad \times \exp\left(-\frac{1}{2}\text{tr}(\boldsymbol{X}_{1:M}{}^\top K'(\boldsymbol{X}_{0:M-1}, \boldsymbol{X}_{0:M-1})^{-1}\boldsymbol{X}_{1:M})\right) \\
&\quad \times p(\boldsymbol{x}_0)
\end{aligned} \tag{5.10}$$

が得られる．一方，観測方程式に対しては

$$p(\boldsymbol{Y}_{1:M} | \boldsymbol{X}_{1:M}) = \prod_{m=1}^{M} p(\boldsymbol{y}_m | \boldsymbol{x}_m)$$

であるが，これはガウス過程潜在変数モデルそのものであるから

$$\begin{aligned}
p(\boldsymbol{Y}_{1:M} | \boldsymbol{X}_{1:M}) &= \frac{1}{\sqrt{(2\pi)^{MD}|K(\boldsymbol{X}_{1:M}, \boldsymbol{X}_{1:M})|^M}} \\
&\quad \times \exp\left(-\frac{1}{2}\text{tr}(\boldsymbol{Y}_{1:M}{}^\top K(\boldsymbol{X}_{1:M}, \boldsymbol{X}_{1:M})^{-1}\boldsymbol{Y}_{1:M})\right)
\end{aligned} \tag{5.11}$$

である．したがって，ガウス過程動的潜在変数モデルの同時確率密度関数は

$$p(\boldsymbol{X}_{0:M}, \boldsymbol{Y}_{1:M}) = p(\boldsymbol{Y}_{1:M}|\boldsymbol{X}_{1:M})\, p(\boldsymbol{X}_{0:M})$$

となる．なお，パラメータ $\boldsymbol{\theta} = (\boldsymbol{\theta_x}, \boldsymbol{\theta_y})$ も含めた推定を行う際には

$$
\begin{aligned}
p(\boldsymbol{X}_{0:M}, \boldsymbol{Y}_{1:M}, \boldsymbol{\theta}) &= p(\boldsymbol{X}_{0:M}, \boldsymbol{Y}_{1:M}|\boldsymbol{\theta})\, p(\boldsymbol{\theta}) \\
&= p(\boldsymbol{Y}_{1:M}|\boldsymbol{X}_{1:M}|\boldsymbol{\theta_y})\, p(\boldsymbol{X}_{0:M}|\boldsymbol{\theta_x})\, p(\boldsymbol{\theta_y})\, p(\boldsymbol{\theta_x})
\end{aligned}
$$

の対数尤度にもとづいた最尤推定（4.1.1 項参照）や，マルコフ連鎖モンテカルロ法（4.1.3 項参照）による事後分布の推定を行えばよい．

5.2　スチューデントの t-過程回帰

5.2.1　スチューデントの t-過程回帰の導入

　前節で説明したガウス過程回帰では，観測データが所与の平均関数とカーネル関数から算出される共分散行列をもつ正規分布から生成されるという仮定の下，非線形な入出力関係のモデル化が可能であった．しかし，ガウス過程回帰は正規分布を仮定していることから，変動が大きいデータに対する頑強性が十分ではない．このような変動の大きなデータに対して，統計的モデリングでは，誤差分布として正規分布よりも裾が厚い確率密度関数が使用される．ガウス過程回帰においても，これと同様の拡張が可能である．すなわち，ガウス過程回帰は正規分布にもとづいた確率過程であるが，ほかの確率密度関数にもとづいた確率過程を導入するのである．ここではその一例として，スチューデントの t-分布にもとづいた確率過程について説明する．

　前節では，ベイズ線形回帰を出発点として得られた

$$\boldsymbol{y} \sim \mathcal{N}(\boldsymbol{0}, \sigma^2\, \boldsymbol{\Phi}(\boldsymbol{X})\, \boldsymbol{\Phi}(\boldsymbol{X})^{\top})$$

に対して

$$K(\boldsymbol{X}, \boldsymbol{X}) = \sigma^2\, \boldsymbol{\Phi}(\boldsymbol{X})\, \boldsymbol{\Phi}(\boldsymbol{X})^{\top}$$

とすることでガウス過程回帰を導出した．その導出過程において，回帰係数がしたがう正規分布の共分散行列 $\sigma^2 I$ におけるパラメータ σ を定数としていたが，以下では，これを確率的パラメータとして扱うことにする．つまり，パラメータ σ に対して $\lambda = \sigma^{-2}$ を確率変数として，これに対応する確率密度関数

を $p(\lambda)$ とする．また，ガウス過程回帰の導出過程において，共分散行列を

$$\lambda^{-1} K(\boldsymbol{X}, \boldsymbol{X}) = \sigma^2 \boldsymbol{\Phi}(\boldsymbol{X}) \boldsymbol{\Phi}(\boldsymbol{X})^\top$$

とする．すなわち，λ についての条件付き正規分布に対して

$$\boldsymbol{y} \sim \mathcal{N}(\boldsymbol{0}, \lambda^{-1} K(\boldsymbol{X}, \boldsymbol{X})|\lambda)$$

とする．このとき，$\boldsymbol{y}$ と λ の同時確率密度関数は

$$p(\boldsymbol{y}, \lambda|\boldsymbol{X}) = \mathcal{N}(\boldsymbol{0}, \lambda^{-1} K(\boldsymbol{X}, \boldsymbol{X})|\lambda) \, p(\lambda)$$

であるから，λ についての周辺化を行うことで

$$\begin{aligned}
p(\boldsymbol{y}|\boldsymbol{X}) &= \int p(\boldsymbol{y}, \lambda|\boldsymbol{X}) \, p(\lambda) \, d\lambda \\
&= \int \mathcal{N}(\boldsymbol{0}, \lambda^{-1} K(\boldsymbol{X}, \boldsymbol{X})|\lambda) \, p(\lambda) \, d\lambda
\end{aligned}$$

が得られる．いま，$\lambda > 0$ であるから，これがしたがう確率密度関数は正の値のみをとる確率変数に対応したものであることが求められる．ここではガンマ分布

$$p(\lambda) = \frac{\nu^{\frac{\nu}{2}}}{2^{\frac{\nu}{2}} \Gamma\left(\frac{\nu}{2}\right)} \lambda^{\frac{\nu}{2}-1} \exp\left(-\frac{\nu}{2}\lambda\right)$$

の場合を考える．また，λ に関する条件付き正規分布は

$$p(\boldsymbol{y}|\boldsymbol{X}, \lambda) = \frac{\lambda^{\frac{D}{2}}}{\sqrt{(2\pi)^D |K(\boldsymbol{X}, \boldsymbol{X})|}} \exp\left(-\frac{1}{2}\lambda \boldsymbol{y}^\top K(\boldsymbol{X}, \boldsymbol{X})^{-1}\boldsymbol{y}\right)$$

であることから，λ についての周辺化によって自由度 ν のスチューデントの t-分布

$$\begin{aligned}
p(\boldsymbol{y}) &= \mathcal{T}(\boldsymbol{0}, K(\boldsymbol{X}, \boldsymbol{X}), \nu)) \\
&= \frac{1}{(\pi\nu)^{\frac{D}{2}} |K(\boldsymbol{X}, \boldsymbol{X})|} \frac{\Gamma\left(\dfrac{\nu+D}{2}\right)}{\Gamma\left(\dfrac{\nu}{2}\right)} \left[1 + \nu^{-1}\boldsymbol{y}^\top K(\boldsymbol{X}, \boldsymbol{X})\boldsymbol{y}\right]^{-\frac{\nu+D}{2}}
\end{aligned}$$

$$\tag{5.12}$$

が得られる.

式 (5.12) にしたがう確率過程を**スチューデントの t-過程**(Student's t-process)という.

以上を整理すると,任意の平均関数 $\mu : \mathbb{R}^N \to \mathbb{R}$ と,カーネル関数 $k : \mathbb{R}^N \times \mathbb{R}^N \to \mathbb{R}$ が与えられているときに,$\boldsymbol{x} \in \mathbb{R}^N$ と $f : \mathbb{R}^N \to \mathbb{R}$ に対して

$$\boldsymbol{f} = [f(\boldsymbol{x}^{(1)}), f(\boldsymbol{x}^{(2)}), \ldots, f(\boldsymbol{x}^{(D)})]$$

が,自由度 ν のスチューデントの t-分布 $\mathcal{T}(\boldsymbol{\mu}(\boldsymbol{X}), K(\boldsymbol{X}, \boldsymbol{X}), \nu)$ にしたがうとき,f をスチューデントの t-過程という.これは

$$f \sim \mathcal{TP}(\mu(\cdot), k(\cdot, \cdot), \nu)) \tag{5.13}$$

と表記される.スチューデントの t-過程による回帰モデルを**スチューデントの t-過程回帰**(Student's t-process regression)という.

5.2.2 スチューデントの t-過程回帰のパラメータ推定

ガウス過程回帰同様に,スチューデントの t-過程回帰のカーネル関数はパラメータを含む.加えて,自由度 ν もまた観測データから推定されるパラメータである.したがって,平均関数 $\mu(\cdot)$ と,カーネル関数 $k(\cdot, \cdot)$ に含まれるパラメータをそれぞれ $\boldsymbol{\theta}^*$,$\boldsymbol{\theta}$ とし

$$\boldsymbol{\mu}_{\boldsymbol{\theta}^*} = \boldsymbol{\mu}(\boldsymbol{X}), \quad K_{\boldsymbol{\theta}} = K(\boldsymbol{X}, \boldsymbol{X})$$

とすると,スチューデントの t-過程回帰の対数尤度関数は

$$\mathcal{L} = -\frac{D}{2} \log (\pi\nu) - \frac{1}{2} \log |K_{\boldsymbol{\theta}}| + \log \Gamma \left(\frac{\nu + D}{2} \right) - \log \Gamma \left(\frac{\nu}{2} \right)$$
$$- \frac{\nu + D}{2} \log \left(1 + \nu^{-1}[(\boldsymbol{y} - \boldsymbol{\mu}_{\boldsymbol{\theta}^*})^\top K_{\boldsymbol{\theta}}^{-1} (\boldsymbol{y} - \boldsymbol{\mu}_{\boldsymbol{\theta}^*})] \right)$$

と表される.ここで

$$d_K(\boldsymbol{y}, \boldsymbol{\mu}) = (\boldsymbol{y} - \boldsymbol{\mu}_{\boldsymbol{\theta}^*})^\top K_{\boldsymbol{\theta}}^{-1} (\boldsymbol{y} - \boldsymbol{\mu}_{\boldsymbol{\theta}^*})$$

とおくと,各パラメータに対する勾配は

$$\frac{\partial \mathcal{L}}{\partial \boldsymbol{\theta}} = -\frac{1}{2}\mathrm{tr}\left(K_{\boldsymbol{\theta}}^{-1}\frac{\partial K_{\boldsymbol{\theta}}}{\partial \boldsymbol{\theta}}\right) + \frac{\nu + D}{2}[1 + \nu^{-1}\, d_K(\boldsymbol{y}, \boldsymbol{\mu})]^{-1}$$
$$\times [K_{\boldsymbol{\theta}}^{-1}(\boldsymbol{y} - \boldsymbol{\mu}_{\boldsymbol{\theta}^*})]^{\top}\frac{\partial K_{\boldsymbol{\theta}}}{\partial \boldsymbol{\theta}}K_{\boldsymbol{\theta}}^{-1}(\boldsymbol{y} - \boldsymbol{\mu}_{\boldsymbol{\theta}^*})$$

$$\frac{\partial \mathcal{L}}{\partial \boldsymbol{\theta}^*} = (\nu + D)\,[1 + \nu^{-1}\, d_K(\boldsymbol{y}, \boldsymbol{\mu})]^{-1}(\boldsymbol{y} - \boldsymbol{\mu}_{\boldsymbol{\theta}^*})^{\top}K_{\boldsymbol{\theta}}^{-1}\frac{\partial \boldsymbol{\mu}_{\boldsymbol{\theta}^*}}{\partial \boldsymbol{\theta}^*}$$

$$\frac{\partial \mathcal{L}}{\partial \nu} = -\frac{D}{2\nu} + \frac{1}{2}\psi\left(\frac{\nu + D}{2}\right) - \frac{1}{2}\psi\left(\frac{\nu}{2}\right) - \frac{1}{2}\log\left(1 + \nu^{-1}\, d_K(\boldsymbol{y}, \boldsymbol{\mu})\right)$$
$$+ \frac{d_K(\boldsymbol{y}, \boldsymbol{\mu})}{1 + \nu^{-1}\, d_K(\boldsymbol{y}, \boldsymbol{\mu})}$$

となる．ただし，$\psi(\cdot)$ はディガンマ関数である（4.3.2 項参照）．よって，スチューデント t-過程回帰のパラメータは勾配を使用した最尤推定により与えられたデータから求められる．また，ガウス過程回帰同様に各パラメータに事前分布を導入することにより，マルコフ連鎖モンテカルロ法で推定した事後分布からパラメータを推定することも可能である．

5.2.3 スチューデントの t-過程回帰の予測分布

スチューデントの t-過程回帰の予測分布は多変量 t-分布の条件付き確率密度関数から求められる．既知のデータセット

$$\mathcal{D} = \{(\boldsymbol{x}^{(1)}, y^{(1)}), (\boldsymbol{x}^{(2)}, y^{(2)}), \dots, (\boldsymbol{x}^{(D)}, y^{(D)})\}$$

に未知の入出力の組 $(\boldsymbol{x}^*, y^*)$ を加えた際の自由度 ν のスチューデントの t-過程回帰は

$$\begin{bmatrix}\boldsymbol{y}\\ y^*\end{bmatrix} \sim \mathcal{T}\left(\begin{bmatrix}\boldsymbol{\mu}(\boldsymbol{X})\\ \mu(\boldsymbol{x}^*)\end{bmatrix},\quad \begin{bmatrix}K(\boldsymbol{X}, \boldsymbol{X}) & k(\boldsymbol{X}, \boldsymbol{x}^*)\\ k(\boldsymbol{x}^*, \boldsymbol{X}) & k(\boldsymbol{x}^*, \boldsymbol{x}^*)\end{bmatrix},\quad \nu\right)$$

と表されるから，条件付き確率密度関数による予測分布は

$$p(y^*|\boldsymbol{x}^*, \mathcal{D}) = \mathcal{T}\left(\mu^*,\quad \frac{\nu + d_K(\boldsymbol{y}, \boldsymbol{\mu})}{\nu + D}k^*,\quad \nu + D\right) \tag{5.14a}$$

$$\mu^* = \mu(\boldsymbol{x}^*) + k(\boldsymbol{x}^*, \boldsymbol{X})\, K(\boldsymbol{X}, \boldsymbol{X})^{-1}(\boldsymbol{y} - \boldsymbol{\mu}(\boldsymbol{X})) \tag{5.14b}$$

$$k^* = k(\boldsymbol{x}^*, \boldsymbol{x}^*) - k(\boldsymbol{x}^*, \boldsymbol{X})\, K(\boldsymbol{X}, \boldsymbol{X})^{-1}\, k(\boldsymbol{X}, \boldsymbol{x}^*) \tag{5.14c}$$

$$d_K(\boldsymbol{y}, \boldsymbol{\mu}) = (\boldsymbol{y} - \boldsymbol{\mu}(\boldsymbol{X}))^{\top}\, K(\boldsymbol{X}, \boldsymbol{X})^{-1}(\boldsymbol{y} - \boldsymbol{\mu}(\boldsymbol{X})) \tag{5.14d}$$

となる．ガウス過程回帰と比較すると，スチューデントの t-過程回帰では共分散行列に乗じられる係数と，自由度への補正項を通して，観測データの影響が予測値に表れている．

5.2.4　スチューデントの t-過程回帰潜在変数モデル

　ガウス過程同様にスチューデントの t-過程もまた潜在変数モデルに拡張することが可能である．これを**スチューデントの t-過程潜在変数モデル** (Student's t-process latent variable model; **TPLVM**) という．D 個の観測データの組 $\boldsymbol{y}^{(d)} \in \mathbb{R}^N$ $(d = 1, 2, \ldots, D)$ に対して

$$\boldsymbol{Y} = [\boldsymbol{y}^{(1)}, \boldsymbol{y}^{(2)}, \ldots, \boldsymbol{y}^{(D)}]^\top$$

とする．ここで

$$\boldsymbol{y}_n = [y_n^{(1)}, y_n^{(2)}, \ldots, y_n^{(D)}]^\top \qquad (n = 1, 2, \ldots, N)$$

として，各 n に対して確率的パラメータ λ で条件付けられたガウス過程

$$f_n \sim \mathcal{GP}(0, \lambda^{-1} k | \lambda)$$

が存在し，潜在変数 $\boldsymbol{x}^{(d)} \in \mathbb{R}^M$ によって $y_n^{(d)} = f_x(\boldsymbol{x}^{(d)})$ と表されるとすると，λ で条件付けられたガウス過程潜在変数モデルは

$$p(\boldsymbol{Y}|\boldsymbol{X}, \lambda) = \frac{\lambda^{\frac{ND}{2}}}{\sqrt{(2\pi)^{ND}|K(\boldsymbol{X}, \boldsymbol{X})|^N}} \exp\left(-\frac{\lambda}{2}\mathrm{tr}(\boldsymbol{Y}^\top K(\boldsymbol{X}, \boldsymbol{X})^{-1} \boldsymbol{Y})\right)$$

となる．ここで，確率的パラメータ λ がしたがう確率密度関数を自由度 ν のスチューデント t-過程回帰の導出時同様にガンマ分布とし，周辺化を行うと

$$p(\boldsymbol{Y}|\boldsymbol{X}) = \frac{1}{(\pi\nu)^{\frac{ND}{2}}|K(\boldsymbol{X}, \boldsymbol{X})|^{\frac{N}{2}}} \frac{\Gamma\left(\dfrac{\nu + ND}{2}\right)}{\Gamma\left(\dfrac{\nu}{2}\right)}$$

$$\times \left[1 + \nu^{-1}\mathrm{tr}(\boldsymbol{Y}^\top K(\boldsymbol{X}, \boldsymbol{X}) \boldsymbol{Y})\right]^{-\frac{\nu + ND}{2}} \tag{5.15}$$

が得られる．これが自由度 ν のスチューデントの t-過程潜在変数モデルである．これは確率モデルとして

$$\boldsymbol{y} = f(\boldsymbol{x}) \qquad (f \sim \mathcal{GP}(0, \lambda^{-1} k(\cdot, \cdot)), \quad \lambda \sim p(\lambda)) \tag{5.16}$$

と等価である．さらに，共分散行列の潜在変数，ならびにカーネル関数のパラメータ依存性を明示するために $K_{\boldsymbol{X},\boldsymbol{\theta}} = K(\boldsymbol{X}, \boldsymbol{X})$ とすると，対応する対数尤度関数は

$$\mathcal{L} = -\frac{ND}{2} \log (\pi\nu) - \frac{N}{2} \log |K_{\boldsymbol{X},\boldsymbol{\theta}}| + \log \Gamma \left(\frac{\nu + ND}{2} \right)$$
$$- \log \Gamma \left(\frac{\nu}{2} \right) - \frac{\nu + ND}{2} \log (1 + \nu^{-1}\mathrm{tr}(\boldsymbol{Y}^{\top} K_{\boldsymbol{X},\boldsymbol{\theta}}^{-1} \boldsymbol{Y}))$$

となることから，対応する勾配は

$$\frac{\partial \mathcal{L}}{\partial \boldsymbol{x}} = -\frac{N}{2} K_{\boldsymbol{X},\boldsymbol{\theta}}^{-1} \frac{\partial K_{\boldsymbol{X},\boldsymbol{\theta}}}{\partial \boldsymbol{x}} + \frac{\nu + ND}{2}$$

$$\frac{\partial \mathcal{L}}{\partial \boldsymbol{\theta}} = -\frac{1}{2}\mathrm{tr} \left(K_{\boldsymbol{X},\boldsymbol{\theta}}^{-1} \frac{\partial K_{\boldsymbol{X},\boldsymbol{\theta}}}{\partial \boldsymbol{\theta}} \right) + \frac{\nu + ND}{2}[1 + \nu^{-1} \, d_K(\boldsymbol{Y}, \boldsymbol{0})]^{-1}$$
$$\times K_{\boldsymbol{X},\boldsymbol{\theta}}^{-1} \boldsymbol{Y}^{\top} \frac{\partial K_{\boldsymbol{X},\boldsymbol{\theta}}}{\partial \boldsymbol{\theta}} K_{\boldsymbol{X},\boldsymbol{\theta}}^{-1} \boldsymbol{Y}$$

$$\frac{\partial \mathcal{L}}{\partial \nu} = -\frac{ND}{2\nu} + \frac{1}{2}\psi \left(\frac{\nu + ND}{2} \right) - \frac{1}{2}\psi \left(\frac{\nu}{2} \right)$$
$$- \frac{1}{2} \log (1 + \nu^{-1} \, d_K(\boldsymbol{Y}, \boldsymbol{0})) + \frac{d_K(\boldsymbol{Y}, \boldsymbol{0})}{1 + \nu^{-1} \, d_K(\boldsymbol{Y}, \boldsymbol{0})}$$

と求まる．これらの勾配を使用して，観測データに対する潜在変数とパラメータを推定することが可能である．

5.2.5　スチューデントの t-過程動的潜在変数モデル

スチューデントの t-過程に動的潜在変数を導入したものが，**スチューデントの t-過程動的潜在変数モデル** (Student's t-process dynamical model; **TPDM**) である．これは，観測データの系列 $\boldsymbol{y}_0, \boldsymbol{y}_1, \ldots, \boldsymbol{y}_m, \ldots$ に対して，動的潜在変数の系列を $\boldsymbol{x}_0, \boldsymbol{x}_1, \ldots, \boldsymbol{x}_m, \ldots$ とすると，確率的パラメータによって条件付けられたガウス過程 $f \sim \mathcal{GP}(0, k|\lambda)$，および $g \sim \mathcal{GP}(0, k'|\lambda')$ で表される状態空間モデル

$$\boldsymbol{x}_m = f(\boldsymbol{x}_{m-1}|\lambda) \qquad (f \sim \mathcal{GP}(0, k(\cdot)|\lambda), \quad \lambda \sim p(\lambda)) \qquad (5.17\mathrm{a})$$
$$\boldsymbol{y}_m = g(\boldsymbol{x}_m|\lambda') \qquad (g \sim \mathcal{GP}(0, k'(\cdot)|\lambda'), \quad \lambda' \sim p(\lambda')) \qquad (5.17\mathrm{b})$$

によって与えられる．ただし，$p(\lambda)$, $p(\lambda')$ はともにガンマ分布である．ここ

で，動的潜在変数の系列に対して

$$\boldsymbol{X}_{0:M-1} = [\boldsymbol{x}_0, \boldsymbol{x}_1, \ldots, \boldsymbol{x}_{M-1}]$$

および

$$\boldsymbol{X}_{1:M} = [\boldsymbol{x}_1, \boldsymbol{x}_2, \ldots, \boldsymbol{x}_M]$$

とする．そして，初期値 $\boldsymbol{x}_0$ がしたがう確率密度関数を $p(\boldsymbol{x}_0)$ として

$$\boldsymbol{X}_{0:M} = [\boldsymbol{x}_0, \boldsymbol{x}_1, \ldots, \boldsymbol{x}_M]$$

とすると，動的潜在変数がしたがう確率密度関数は

$$
\begin{aligned}
p(\boldsymbol{X}_{0:M}, \lambda) &= p(\boldsymbol{X}_{0:M}|\boldsymbol{x}_0, \lambda)\, p(\boldsymbol{x}_0)\, p(\lambda) \\
&= \prod_{m=1}^{M} p(\boldsymbol{x}_m|\boldsymbol{x}_{m-1}, \lambda)\, p(\boldsymbol{x}_0)\, p(\lambda)
\end{aligned}
$$

となる．また，初期値 $\boldsymbol{x}_0$ と確率的パラメータ λ に条件付けられたガウス過程動的潜在変数モデルがしたがう確率密度関数は

$$
\begin{aligned}
&p(\boldsymbol{X}_{0:M}|\boldsymbol{x}_0, \lambda) \\
&= \frac{\lambda^{\frac{MD}{2}}}{\sqrt{(2\pi)^{MD}|K'(\boldsymbol{X}_{0:M-1}, \boldsymbol{X}_{0:M-1})|^M}} \\
&\quad \times \exp\left(-\frac{1}{2}\mathrm{tr}(\boldsymbol{X}_{1:M}^{\top} K'(\boldsymbol{X}_{0:M-1}, \boldsymbol{X}_{0:M-1})^{-1}\boldsymbol{X}_{1:M})\right)
\end{aligned}
$$

であるから，λ について周辺化を行うことで

$$
\begin{aligned}
p(\boldsymbol{X}_{0:M}|\boldsymbol{x}_0) &= \frac{1}{(\pi\nu)^{\frac{MD}{2}}|K'(\boldsymbol{X}_{0:M-1}, \boldsymbol{X}_{0:M-1})|^{\frac{M}{2}}} \frac{\Gamma\left(\dfrac{\nu + MD}{2}\right)}{\Gamma\left(\dfrac{\nu}{2}\right)} \\
&\quad \times \left[1 + \nu^{-1}\mathrm{tr}(\boldsymbol{X}_{1:M}^{\top}\, K'(\boldsymbol{X}_{0:M-1}, \boldsymbol{X}_{0:M-1})\boldsymbol{X}_{1:M})\right]^{-\frac{\nu + MD}{2}}
\end{aligned}
\tag{5.18}
$$

が得られる．観測方程式はスチューデントの t-過程潜在変数モデルなので

$$p(\boldsymbol{Y}_{1:M}|\boldsymbol{X}_{1:M}) = \frac{1}{(\pi\nu)^{\frac{MD}{2}}|K(\boldsymbol{X}_{1:M}, \boldsymbol{X}_{1:M})|^{\frac{M}{2}}} \frac{\Gamma\left(\frac{\nu+MD}{2}\right)}{\Gamma\left(\frac{\nu}{2}\right)}$$

$$\times \left[1 + \nu^{-1}\mathrm{tr}(\boldsymbol{Y}_{1:M}^{\top} K(\boldsymbol{X}_{1:M}, \boldsymbol{X}_{1:M}) \boldsymbol{Y}_{1:M})\right]^{-\frac{\nu+MD}{2}}$$

$$(5.19)$$

と表される．以上より，スチューデントの t-過程動的潜在変数モデルがしたがう確率密度関数は

$$p(\boldsymbol{X}_{0:M}, \boldsymbol{Y}_{1:M}) = p(\boldsymbol{Y}_{1:M}|\boldsymbol{X}_{1:M})\, p(\boldsymbol{X}_{0:M}|\boldsymbol{x}_0)\, p(\boldsymbol{x}_0)$$

となる．スチューデントの t-過程動的潜在変数モデルもまた，最尤推定やマルコフ連鎖モンテカルロ法等によって状態変数とパラメータの推定が可能である．

第 **6** 章

実問題への応用

　本章では確率過程の実問題への応用として，物理系，金融工学，機械学習への応用例を紹介する．

　物理系への応用例として，環境ゆらぎの影響を受けるブラウン粒子の運動を対象に，相加性雑音と相乗性雑音に駆動される確率微分方程式に対応するフォッカー・プランク方程式の厳密解を導出する．

　また，金融工学への応用例として，資産価格がベイズモデルで与えられる金融資産のオプション価格付けの問題を解く．

　さらに，機械学習への応用例として，深層学習をガウス過程として扱うモデルと，生成モデルの一種である拡散モデルについて説明する．

6.1　環境ゆらぎの影響を受けるブラウン粒子の運動

　確率過程の物理系への応用の一例として，環境ゆらぎの影響を受けるブラウン粒子[*1]の運動を取り上げる．ブラウン粒子は速度に比例する粘性力とランダム力を受けているが，特に環境がゆらいでいる状況では，粘性抵抗に対してもランダムな要素が存在することになる．

　このような状況におけるブラウン粒子の運動方程式は，速度 $v(t)$ に対して

$$m\frac{dv}{dt} = -[\gamma + \tilde{\gamma}(t)]\,v + F(t) \tag{6.1}$$

となる．ここで，m はブラウン粒子の質量，γ と $\tilde{\gamma}(t)$ はそれぞれ粘性抵抗の定数部分とランダムな部分で，$F(t)$ はブラウン粒子が周囲から受けるランダ

[*1]　**ブラウン粒子**（Brownian particle）とは，ブラウン運動をしている粒子をいう．

ム力である．いま，粘性抵抗のランダムな部分もまたブラウン運動であるとすると，式 (6.1) は確率微分方程式

$$dV = -\gamma V \, dt + V\sqrt{2D_m} \, dW_m + \sqrt{2D_a} \, dW_a \tag{6.2}$$

で表される．ここで，γ，D_m，D_a は正の値をとる実パラメータである．さらに，ブラウン運動 W_a, W_m はそれぞれ無相関であると仮定すると，式 (6.2) と等価な確率微分方程式として

$$dV = -\gamma V \, dt + \sqrt{2(D_m V^2 + D_a)} \, dW \tag{6.3}$$

が得られる．式 (6.2)，式 (6.3) は**一般化コーシー過程**（2.7.3 項参照）である．

次に，式 (6.3) に対して $V \to X$ とし，パラメータと独立変数を $\dfrac{\gamma}{2D_m} \to \gamma - \dfrac{1}{2}$，および，$D_m t \to \tau$ と変換すると，一般化コーシー過程の標準形

$$dX = (1 - 2\gamma)X \, d\tau + \sqrt{2(X^2 + a^2)} \, dW \tag{6.4}$$

が得られる．式 (6.4) に対して変数変換 $X = a \sinh Y$ を行うと，Y についての確率微分方程式

$$dY = -\frac{dU}{dY} \, d\tau + \sqrt{2} \, dW \tag{6.5}$$

が得られる．ただし，$U(Y)$ はポテンシャル関数

$$U(Y) = 2\gamma \ln(\cosh Y)$$

である．この形のポテンシャル関数は，**対数ポテンシャル**（logarithmic potential）と呼ばれており，極低温環境下での原子の異常拡散のモデルとして研究されている．

式 (6.5) に対応するフォッカー・プランク方程式は

$$\frac{\partial}{\partial \tau} \, p(y, \tau) = \frac{\partial}{\partial y} \left(\frac{dU}{dy} + \frac{\partial}{\partial y} \right) p(y, \tau) \tag{6.6}$$

となる．ここで，式 (6.6) に変数変換

$$p(y, \tau) = e^{-\frac{U(y)}{2} - \gamma^2 \tau} \, \psi(y, \tau)$$

を導入することで，虚時間[*2]に対するシュレーディンガー方程式

$$-\frac{\partial}{\partial \tau}\psi(y,\,\tau) = \left[-\frac{\partial^2}{\partial y^2} + V(y)\right]\psi(y,\,\tau) \tag{6.7}$$

が得られる．ただし，ポテンシャル関数 $V(y)$ は

$$V(y) = -\gamma(\gamma+1)\mathrm{sech}^2 y$$

である．これは**変形ポッシェル型ポテンシャル**（deformed Pöschl potential）として知られており，無限遠においてポテンシャル関数の値が 0 に収束することから，連続スペクトルと離散固有値の両方をもつ．また，パラメータ γ の値に依存して，離散固有値が消失するという性質をもっている．

式 (6.7) の解を変数分離法によって求めるために

$$\psi(y,\,\tau) = e^{-\lambda\tau}\phi(y)$$

とおく．まず，連続スペクトルを求める．$\lambda = k^2$ とおくと，定常状態のシュレーディンガー方程式

$$\frac{d^2\phi}{dy^2} + \left[k^2 + \gamma(\gamma+1)\,\mathrm{sech}^2 y\right]\phi = 0 \tag{6.8}$$

が得られる．ここで，独立変数を $z = \cosh^2 y$ と変換し，解の形式を

$$\phi(y) = z^{\frac{\gamma+1}{2}}\varphi(z)$$

と仮定するとガウスの**超幾何微分方程式**（hypergeometric differential equation）

$$z(z-1)\,\frac{d^2\varphi}{dz^2} + \left[\left(\gamma + \frac{3}{2}\right) - (\gamma+2)\,z\right]\frac{d\varphi}{dz} - \frac{(\gamma+1)^2 + k^2}{4}\varphi = 0 \tag{6.9}$$

が導出される．したがって，$\varphi(z)$ はガウスの**超幾何関数**（hypergeometric function）の重ね合せによって表される[*3]．すなわち，$F(a,\,b;\,c;\,z)$ をガウス

[*2] 単位時間の虚数倍で表される時間．

[*3] ガウスの超幾何関数 $F(a,\,b;\,c;\,z)$ は

$$F(a,\,b;\,c;\,z) = \sum_{n=0}^{\infty}\frac{(a)_n(b)_n}{(c)_n n!}z^n$$

で定義される特殊関数である．ただし，$(x)_n$ は $n = 0$ のとき $(x)_0 = 1$，$n \neq 0$ のとき $(x)_n = x(x+1)\cdots(x+n-1)$ を表す．

の超幾何関数とすると

$$\varphi(z) = AF\left(\alpha,\,\beta;\,\frac{1}{2};\,1-z\right)$$
$$+ B(1-z)^{\frac{1}{2}}\,F\left(\alpha+\frac{1}{2},\,\beta+\frac{1}{2};\,\frac{3}{2};\,1-z\right) \tag{6.10}$$

となる．結合係数 A，B は境界条件によって決定される定数である．また，パラメータ α，β は

$$\alpha = \frac{\gamma+1+ik}{2}, \quad \beta = \frac{\gamma+1-ik}{2}$$

として与えられる．ここで，$\phi(y)$ が偶関数 $\phi_e(y)$ と奇関数 $\phi_o(y)$ によって $\phi(y) = A\phi_e(y) + B\phi_o(y)$ と表されるとすると，$\phi_e(y)$ と $\phi_o(y)$ はそれぞれ

$$\phi_e(y) = (\cosh y)^{\gamma+1}F\left(\alpha,\,\beta;\,\frac{1}{2};\,-\sinh^2 y\right) \tag{6.11a}$$

$$\phi_o(y) = (\cosh y)^{\gamma+1}F\left(\alpha+\frac{1}{2},\,\beta+\frac{1}{2};\,\frac{3}{2};\,-\sinh^2 y\right) \tag{6.11b}$$

として与えられる．式 (6.11a)，式 (6.11b) は，ガウスの超幾何関数の公式

$$\frac{F(\kappa,\,\mu;\,\nu;\,\zeta)}{\Gamma(\nu)} = \frac{(-\zeta)^{-\kappa}\Gamma(\mu-\kappa)}{\Gamma(\nu-\kappa)\Gamma(\mu)}\,F\left(\kappa,\,\kappa-\nu+1;\,\kappa-\mu+1;\,\frac{1}{\zeta}\right)$$
$$+ \frac{(-\zeta)^{-\mu}\Gamma(\kappa-\mu)}{\Gamma(\nu-\mu)\Gamma(\kappa)}\,F\left(\kappa,\,\mu-\nu+1;\,\mu-\kappa+1;\,\frac{1}{\zeta}\right)$$

と，双曲線関数の漸近挙動に関する公式から，$|y| \to \infty$ において

$\phi_e(y)$

$$\to \Gamma\left(\frac{1}{2}\right)\left[\frac{\Gamma(-ik)e^{ik\log 2}}{\Gamma\left(\frac{\gamma+1}{2}-i\frac{k}{2}\right)\Gamma\left(-\frac{\gamma}{2}-i\frac{k}{2}\right)}e^{-k|y|} + \frac{\Gamma(ik)e^{-ik\log 2}}{\Gamma\left(\frac{\gamma+1}{2}+i\frac{k}{2}\right)\Gamma\left(-\frac{\gamma}{2}+i\frac{k}{2}\right)}e^{k|y|}\right]$$

および

$\phi_o(y)$

$$\to \pm\Gamma\left(\frac{3}{2}\right)\left[\frac{\Gamma(-ik)e^{ik\log 2}}{\Gamma\left(\frac{\gamma+2}{2}-i\frac{k}{2}\right)\Gamma\left(-\frac{\gamma+1}{2}-i\frac{k}{2}\right)}e^{-k|y|} + \frac{\Gamma(ik)e^{-ik\log 2}}{\Gamma\left(\frac{\gamma+2}{2}+i\frac{k}{2}\right)\Gamma\left(-\frac{\gamma-1}{2}+i\frac{k}{2}\right)}e^{k|y|}\right]$$

となる．ただし，符号 $\pm$ は y の正負に依存して正，または負になることを表

す．また，係数 A, B は散乱状態

$$
\phi(y) = \begin{cases} e^{iky} + Re^{-iky} & (y \to -\infty) \\ Te^{iky} & (y \to +\infty) \end{cases}
$$

から決定される．ここで，$|T|^2 = \sin^2(\theta_e - \theta_o)$，および，$|R|^2 = \cos^2(\theta_e - \theta_o)$ なので

$$
A = \frac{e^{i\theta_e}}{2\Gamma\left(\dfrac{1}{2}\right) r_e} \qquad \left(r_e\, e^{i\theta_e} = \frac{\Gamma(ik)\, e^{-ik\log 2}}{\Gamma\left(\dfrac{\gamma+1}{2} + i\dfrac{k}{2}\right) \Gamma\left(-\dfrac{\gamma}{2} + i\dfrac{k}{2}\right)} \right)
$$

$$
B = -\frac{e^{i\theta_o}}{2\Gamma\left(\dfrac{3}{2}\right) r_o} \qquad \left(r_o\, e^{i\theta_o} = \frac{\Gamma(ik)\, e^{-ik\log 2}}{\Gamma\left(\dfrac{\gamma+2}{2} + i\dfrac{k}{2}\right) \Gamma\left(-\dfrac{\gamma-1}{2} + i\dfrac{k}{2}\right)} \right)
$$

である．

次に，離散固有値が $\lambda = -l^2$ で与えられるとすると，式 (6.10) 中のパラメータ α, β は

$$
\alpha = \frac{\gamma+1-l}{2}, \quad \beta = \frac{\gamma+1+l}{2}
$$

によって置き換えられる．ここで，非物理的な解の発散が生じないためには，$\phi_e(y)$ および $\phi_o(y)$ における $e^{l|y|}$ の係数が 0 でなければならない．この条件下で，自然数 n に対する離散固有値 l は

$$
l = \begin{cases} \gamma - 2n & \text{for } \phi_e(y) \\ \gamma - 2n - 1 & \text{for } \phi_o(y) \end{cases}
$$

と求められる．つまり，離散固有値は $\gamma > 1$ を満たすときにのみ存在する．

以上より，最終的に，式 (6.7) 中の $\psi(y, \tau)$ の固有関数展開が

$$
\psi(y, \tau) = \sum_{n=0}^{n < \frac{\gamma}{2}} \left[A_n\, \phi_{e,n}(y)\, e^{-(\gamma-2n)^2\tau} + B_n\, \phi_{o,n}(y)\, e^{-(\gamma-2n-1)^2\tau} \right]
$$
$$
+ 2\int_0^\infty [A\phi_e(y) + B\phi_o(y)]\ e^{-k^2\tau}\, dk
$$

として求められる．

6.2　オプションの価格付け問題

　確率過程の金融工学の問題への応用の一例として，金融派生商品である**ヨーロピアンコールオプション**（European call option）の価格付け問題を取り上げる．ヨーロピアンコールオプションとは，満期 T 時点において指定されたリスク資産[*4]を価格 K で購入できる権利のことである．これは，T 時点におけるリスク資産価格 S_T が K を下回るようであれば権利を行使し，上回るようであれば権利を行使しないことにすれば，少なくとも K を下回らない価格での取引が可能になるという金融派生商品である．このような条件の下で，債権価格の変動が幾何ブラウン運動（2.7.2 項参照）にしたがうと仮定すると，**ブラック–ショールズ方程式**（Black–Scholes equation）と呼ばれる偏微分方程式の境界値問題を解くことでオプション価格を導出することができる．

　上記のように，リスク資産価格が幾何ブラウン運動にしたがうと仮定すると，対数収益率が正規分布にしたがうことになる．しかし，実際のリスク資産価格の対数収益率の分布は，正規分布よりも裾が厚い形状を示すことが知られている．そのため，対数収益率の絶対値が大きな値をとる確率において現実とのギャップが生じ，オプション価格の計算も不正確となる．この問題を解決するための 1 つの手段として，幾何ブラウン運動に確率的パラメータを導入することで裾が厚い対数収益率の分布をモデリングし，対応するオプション価格を導出する方法が提案されている．

　いま，時点 t におけるリスク資産価格 S_t が

$$S_t = e^{Y_t} S_0 \tag{6.12}$$

で与えられるとする．ここで，S_0 は初期時点 $t = 0$ におけるリスク資産価格であり，対数収益率 Y_t は

$$Y_t = \ln S_{t+t_0} - \ln S_{t_0}$$

で定義される．式 (6.12) におけるリスク資産価格 S_t が幾何ブラウン運動にしたがうとき，対数収益率 Y_t は確率微分方程式

$$dY = \mu\, dt + \frac{1}{\sqrt{2\beta}}\, dW \tag{6.13}$$

[*4]　資産価格が変動することにより投資元本が保証されない金融資産を**リスク資産**（risk asset）という．

にしたがって時間発展する．ただし，μ は定数パラメータで，β は Y_t の変動に対してゆっくりと時間変化する確率的パラメータである．この仮定の下では時点 t での無リスク資産価格 P_t が，無リスク金利 r とともに

$$P_t = e^{(r+\frac{1}{2\beta})t}P_0 \tag{6.14}$$

で与えられるから，期間 $0 \leq t \leq T$ におけるポートフォリオ $V(Y_t, t)$ は

$$V = \phi(t)\,S_t + \psi(t)\,P_t \tag{6.15}$$

となる[*5]．ここで，式 (6.15) における $\phi(t)$, $\psi(t)$ はそれぞれポートフォリオに占める S_t, P_t の保有比率を表す．さらに，無限小時間におけるポートフォリオの保有比率が不変であるとすると，微分形式[*6]

$$dV = \phi(t)\,dS_t + \psi(t)\,dP_t$$

が得られる．また，式 (6.15) に対して伊藤の公式（2.6 節参照）を適用すると

$$dV = \left[\left(\mu - \frac{1}{2\beta}\right)\frac{\partial V}{\partial Y} + \frac{1}{2\beta}\frac{\partial^2 V}{\partial Y^2} + \frac{\partial V}{\partial t}\right]dt + \frac{1}{\sqrt{\beta}}\frac{\partial V}{\partial Y}\,dW$$

が導かれる．ここで，リスク資産の保有比率を

$$\phi = \frac{1}{S_0}e^Y\frac{\partial V}{\partial Y}$$

とすると，以下の偏微分方程式が得られる．

$$\frac{\partial V}{\partial t} + r\frac{\partial V}{\partial Y} - \frac{1}{2\beta}\frac{\partial^2 V}{\partial Y^2} - \left(r + \frac{1}{4\beta}\right)V = 0 \tag{6.16}$$

式 (6.16) は**ブラック–ショールズ方程式**を対数収益率 Y_t について表したものである．これを解くために以下の変数変換を導入する．

$$s = T - t$$

$$X = Y + rs$$

$$U(X,\,s) = e^{(r+\frac{1}{4\beta})(T-t)}\,V(Y,\,t)$$

[*5] 複数の異なる金融資産で構成された金融資産の総体を**ポートフォリオ**（portfolio）という．

[*6] ここでは，ポートフォリオの変化率を表している．微分形式の正確な定義は微分幾何学の書籍[16–18]を参考にしてほしい．

これらを式 (6.16) に代入すると，**拡散方程式**（diffusion equation）

$$\frac{\partial U}{\partial s} = \frac{1}{4\beta} \frac{\partial^2 U}{\partial X^2} \tag{6.17}$$

に帰着される．したがって，式 (6.16) の基本解が

$$G(Y, t) = \sqrt{\frac{\beta}{\pi(T-t)}} \exp\left(-\frac{\beta[Y + r(T-t)]^2}{T-t}\right)$$

として求められる.

ヨーロピアンコールオプションに対応する境界条件は

$$\lim_{Y\to-\infty} V(Y, t) = 0$$

$$\lim_{Y\to\infty} V(Y, t) = S_0 e^Y$$

$$V(Y_T, T) = \max\{S_0 e^{Y_T} - K,\, 0\}$$

によって与えられるので，これに対応する式 (6.16) の解は

$$V(Y, t|\beta) = e^{-r(T-t)} \int_{-\infty}^{\infty} e^{-\frac{1}{4\beta}(T-t)}\, G(Y-Y_T, T-t)\, V(Y_T, T)\, dY_T$$

となる．さらに，確率的パラメータ β についての周辺化を行うと

$$
\begin{aligned}
V(Y, t) &= \int_0^\infty V(Y, t|\beta)\, f(\beta)\, d\beta \\
&= e^{-r(T-t)} \int_{-\infty}^{\infty} F(Y - Y_T, T - t)\, V(Y_T, T)\, dY_T \tag{6.18}
\end{aligned}
$$

となる．ここで，$F(Y, t)$ は**積分核**（integral kernel）であり

$$F(Y, t) = \int_0^\infty e^{-\frac{1}{4\beta}(T-t)}\, G(Y, T - t|\beta)\, p(\beta)\, d\beta \tag{6.19}$$

として与えられる．$p(\beta)$ をガンマ分布

$$p(\beta) = \frac{b^a}{\Gamma(a)}\, \beta^{a-1}\, \exp(-b\beta) \tag{6.20}$$

とすると，式 (6.19) は

$$F(Y, t) = \frac{1}{\Gamma(a)} \sqrt{\frac{2}{\pi}} \left[\frac{b(T-t)}{2}\right]^a \zeta(Y, t)^{\frac{a}{2}} K_{-a-\frac{1}{2}}(\zeta(Y, t))$$

となる. ただし, $\zeta(Y, t)$ は

$$\zeta(Y, t) = [Y + r(T - t)]^2 + b(T - t)$$

である. また, $p(\beta)$ を逆ガンマ分布

$$p(\beta) = \frac{b^a}{\Gamma(a)} \beta^{-a-1} \exp\left(-\frac{b}{\beta}\right)$$

としたときには, 式 (6.19) は

$$F(Y, t) = \frac{(2b)^a}{\Gamma(a)} \sqrt{\frac{2}{\pi(T - t)}} \; \xi(Y, t)^{-\frac{a}{2} - \frac{1}{4}} K_{a-\frac{1}{2}}(\eta(Y, t))$$

となる. ただし, $\xi(Y, t)$, $\eta(Y, t)$ はそれぞれ

$$\xi(Y, t) = \frac{[Y + r(T - t)]^2}{(T - t)(T - t + b)}$$

$$\eta(Y, t) = \sqrt{\frac{T - t + b}{T - t}} \; |Y + r(T - t)|$$

である. これらの積分核に対して, 式 (6.18) の積分を計算することで, ヨーロピアンコールオプションの価格が求められる.

6.3 深層学習への応用

6.3.1 深層学習とガウス過程回帰

深層学習 (deep learning) と呼ばれる多層ニューラルネットワークへの確率過程の応用の 1 つに**深層ガウス過程** (deep Gaussian process) がある. これは, 無限個の要素数をもつニューラルネットワークの中間層に対して中心極限定理 (1.7 節参照) を適用することで得られるガウス過程回帰である. ニューラルネットワークの極限としてガウス過程回帰が得られることをみるために, まずは中間層が 1 層のみからなる単層のニューラルネットワークを取り上げる. 続いて, 同様の手続きを多層ニューラルネットワークにも適用し, 対応するガウス過程回帰を導出する.

単層ニューラルネットワークの入力を x, 出力を y とする. また, 中間層の潜在変数を z, 活性化関数を $\phi(\cdot)$ とすると, 各層におけるすべてのニューロン

どうしが全結合したニューラルネットワークは

$$z_j^{(1)} = \phi \left(b_j^{(0)} + \sum_k^D w_{jk}^{(0)} \, x_k \right) \tag{6.21a}$$

$$y_i = b_i^{(1)} + \sum_j^{N^{(1)}} w_{ij}^{(1)} \, z_j^{(1)} \tag{6.21b}$$

で表される．ここで，$b_j^{(0)}$，$b_i^{(1)}$ は各層のバイアス[*7]で，$w_{jk}^{(0)}$，$w_{ij}^{(1)}$ は各層の重みである．通常のニューラルネットワークの教師あり学習[*8]においては，バイアスと重みは学習データから推定されるが，ここではそれらが独立同分布から抽出される確率的パラメータであると仮定する．また，各潜在変数もそれぞれ独立な確率変数であるとする．

　上記の設定の下で，中間層の結合数，すなわち潜在変数の総数に対して $N^{(1)} \to \infty$ の極限をとると，中心極限定理によって出力層の y_i は正規分布にしたがう．これは，任意の数の出力変数に対して成り立つから，対象としている単層ニューラルネットワークは正規分布に収束する．

　この単層ニューラルネットワークの極限として得られるガウス過程の平均関数とカーネル関数を求めるため，バイアスと重みがそれぞれ平均 0 で，分散 $\sigma_b{}^2$ および $\sigma_w{}^2$ の正規分布にしたがうものとすると，平均関数は

$$\mu^{(1)}(\boldsymbol{x}) = \mathbb{E}[y_i^{(1)}(\boldsymbol{x})] = 0$$

となり，カーネル関数は

$$\begin{aligned}
K^{(1)}(\boldsymbol{x}, \boldsymbol{x}') &= \mathbb{E}[y_i^{(1)}(\boldsymbol{x}) \, y_i^{(1)}(\boldsymbol{x}')] \\
&= \sigma_b{}^2 + \sigma_w{}^2 \mathbb{E}[z_i^{(1)}(\boldsymbol{x}) \, z_i^{(1)}(\boldsymbol{x}')] \\
&= \sigma_b{}^2 + \sigma_w{}^2 C(\boldsymbol{x}, \boldsymbol{x}')
\end{aligned}$$

となる．上式のカーネル関数に表れる $C(\boldsymbol{x}, \boldsymbol{x}')$ は活性化関数の期待値から求められる．こうして，全結合の単層ニューラルネットワークの極限としてガウス過程を得ることができる．

[*7]　ニューラルネットワークの定数項を**バイアス**（bias）という．

[*8]　機械学習において，入力と出力のデータの組からこれらの間の関係性を推定することを**教師あり学習**（supervised learning）という．

　上記の全結合の単層ニューラルネットワークに対して行った極限操作を，全結合の多層ニューラルネットワークに対して行って得られるものが**深層ガウス過程**である．中間層の数が L である全結合の多層ニューラルネットワークは

$$z_j^{(1)} = \phi \left(b_j^{(0)} + \sum_k^D w_{jk}^{(0)} x_k \right) \tag{6.22a}$$

$$z_j^{(l)} = \phi \left(b_j^{(l-1)} + \sum_k^{N^{(l-1)}} w_{jk}^{(l-1)} z_k^{(l-1)} \right) \quad (l = 2, \ldots, L) \tag{6.22b}$$

$$y_i = b_i^{(L)} + \sum_j^{N^{(L)}} w_{ij}^{(L)} z_j^{(L)} \tag{6.22c}$$

で与えられる．ここで，単層ニューラルネットワークの場合と同様に，バイアスと重みはそれぞれ平均 0 で，分散 $\sigma_b{}^2$ および $\sigma_w{}^2$ の正規分布にしたがうものとする．このとき，各 l 層において結合数 $N^{(l)} \to \infty$ の極限操作を行うと，第 l 層の潜在変数は第 $l-1$ 層の潜在変数を入力とするガウス過程となる．したがって，単層の場合と同様に平均関数は 0 となり，各層におけるカーネル関数が

$$
\begin{aligned}
K^l(\boldsymbol{z}^{(l-1)}, \boldsymbol{z}'^{(l-1)}) &= \mathbb{E}[z_i^{(l)} \, z_i^{(l)}] \\
&= \sigma_b{}^2 + \sigma_w{}^2 \mathbb{E}_{\mathcal{GP}(0, K^{(l-1)})}[\phi(\boldsymbol{z}^{(l-1)}) \, \phi(\boldsymbol{z}'^{(l-1)})]
\end{aligned}
$$

として与えられる．右辺第 2 式において，第 $l-1$ 層の潜在変数に対する期待値演算がガウス過程 $\mathcal{GP}(0, K^{(l-1)})$ に関して行われることを明示するために期待値演算の記号を $\mathbb{E}_{\mathcal{GP}(0, K^{(l-1)})}$ とした．ここで，カーネル関数の期待値演算において，ガウス過程の平均関数は 0 であるから

$$
\begin{aligned}
&\mathbb{E}_{\mathcal{GP}(0, K^{(l)})}[\phi(\boldsymbol{z}^{(l)}) \, \phi(\boldsymbol{z}'^{(l)})] \\
&= F_\phi(K^{(l)}(\boldsymbol{z}^{(l-1)}, \boldsymbol{z}'^{(l-1)}), K^{(l)}(\boldsymbol{z}^{(l-1)}, \boldsymbol{z}^{(l-1)}), K^{(l)}(\boldsymbol{z}'^{(l-1)}, \boldsymbol{z}'^{(l-1)}))
\end{aligned}
$$

となるような活性化関数 ϕ によって決まる関数 F_ϕ が存在する．以上により，F_ϕ が与える再帰関係式（漸化式）から各層のカーネル関数が求められる．ただし，一部の活性化関数を除いてガウス過程の期待値演算を解析的に実行することは困難であるから，実際の期待値演算はモンテカルロ積分（4.2.6 項参照）を用いて数値的に実行される．

　上記のとおり，深層ガウス過程とは，再帰関係式で与えられるカーネル関数によって特徴付けられるガウス過程のことであるから，ガウス過程からスチューデントの t-過程を導出したのと同様の手順によって，深層ガウス過程と同一のカーネル関数を有するスチューデントの t-過程を導出することが可能である．この確率過程を**深層 t-確率過程**（deep Student's t-process）といい，経済時系列解析への応用例が報告されている．

6.3.2　拡散モデル

　機械学習の問題設定において，予測や分類のタスクでは与えられたデータからパターンを学習し，学習済みモデルに未知の入力データが与えられたときの推論結果を求めている．したがって，これらの問題設定においては学習用データを事前に準備しておくことが必要となる．一方で，機械学習モデルによってデータそのものを生成することも可能である．データを生成する機械学習モデル全般を**生成モデル**（generative model）という．

　生成モデルでは，データは確率分布または確率密度関数から生成されるものと考える．すなわち，生成モデルの学習とは与えられたデータを生成した確率分布や確率密度関数を推定することに相当する．以降は連続データのみを対象とし，生成モデルとして確率密度関数のみを考える．離散データを対象とする場合は以降の内容を確率分布に置き換えて考えればよい．

　生成モデルの中でも，**エネルギーベースモデル**（energy-based model）と呼ばれるものは

$$p_{\boldsymbol{\theta}}(\boldsymbol{x}) = \frac{1}{Z_{\boldsymbol{\theta}}} \exp\left(-E_{\boldsymbol{\theta}}(\boldsymbol{x})\right) \tag{6.23}$$

の形式で与えられる．これは統計力学におけるカノニカル分布の逆温度を 1 としたものに相当する（4.1.3 項参照）．式 (6.23) に表れる $E_{\boldsymbol{\theta}}(\cdot)$ はパラメータ $\boldsymbol{\theta}$ に依存したカノニカル分布におけるハミルトニアンに相当するエネルギー関数であり，ニューラルネットワーク等の機械学習モデルによって与えられる．分配関数 $Z_{\boldsymbol{\theta}}$ は規格化因子（1.8 節参照）であることから

$$Z_{\boldsymbol{\theta}} = \int \exp\left(-E_{\boldsymbol{\theta}}(\boldsymbol{x})\right) d\boldsymbol{x}$$

で求められるが，生成モデルの応用分野である画像データや音声データにおいては $\boldsymbol{x}$ が高次元のベクトルであるため，積分計算を行うことは現実的に困難

である. そこで, **スコア** (score) と呼ばれる以下の量

$$s_{\boldsymbol{\theta}} = \nabla_{\boldsymbol{x}} \log p_{\boldsymbol{\theta}}(\boldsymbol{x}) \tag{6.24}$$

を導入する. ここで, 式 (6.24) における $\nabla_{\boldsymbol{x}}$ は変数 $\boldsymbol{x}$ による勾配をとることを表す. これにより, カノニカル分布に対するスコアは

$$\begin{aligned} s_{\boldsymbol{\theta}} &= \nabla_{\boldsymbol{x}}[\log \exp{(-E_{\boldsymbol{\theta}}(\boldsymbol{x}))} - \log Z_{\boldsymbol{\theta}}] \\ &= -\nabla_{\boldsymbol{x}} E_{\boldsymbol{\theta}}(\boldsymbol{x}) \end{aligned}$$

であるから, 分配関数を求める必要がなくなる. これがスコアを導入することで得られる恩恵である.

真の生成モデルとデータから推定した生成モデルとの差を最小とするパラメータ $\boldsymbol{\theta}$ をデータから推定するための目的関数として

$$J(\boldsymbol{\theta}) = \frac{1}{2}\mathbb{E}_{p_{\boldsymbol{\theta}}} \left[\|\nabla_{\boldsymbol{x}} \log p_{\boldsymbol{\theta}}(\boldsymbol{x}) - s_{\boldsymbol{\theta}}(\boldsymbol{x})\|^2\right] \tag{6.25}$$

を導入する. ここで, 期待値演算は確率密度関数 $p_{\boldsymbol{\theta}}(\cdot)$ について行われることに注意する. これはスコアにもとづいて真のモデルと推定された生成モデルとの差を評価するものである. しかし, 一般に真のモデルについての情報を得ることはできないため, 式 (6.25) を評価することはできない. いくつかの仮定の下, 式 (6.25) は

$$\widehat{J}(\boldsymbol{\theta}) = \mathbb{E}_{p_{\boldsymbol{\theta}}} \left[\frac{1}{2}\|s_{\boldsymbol{\theta}}(\boldsymbol{x})\|^2 + \mathrm{tr}(\nabla_{\boldsymbol{x}} s_{\boldsymbol{\theta}}(\boldsymbol{x}))\right] \tag{6.26}$$

と定数項を除いて一致することが知られている. 式 (6.26) における期待値演算を, 推定したエネルギー関数に対応したカノニカル分布によるモンテカルロ積分で近似することで, 真のモデルに関する情報が与えられていない状況でも目的関数の評価が可能である.

確率密度関数 $p_s(\cdot)$ を定常確率密度関数とするフォッカー・プランク方程式 (3.3 節参照) に対応する確率微分方程式は

$$d\boldsymbol{X}_t = -\nabla \log p_s(\boldsymbol{X}_t)\, dt + \sqrt{2}\, d\boldsymbol{W}_t \tag{6.27}$$

であることから, 十分長い時間が経過した後の $\boldsymbol{X}_t$ は $p_s(\boldsymbol{x})$ から標本抽出されたものと見なせる. したがって, 式 (6.27) における $p_s(\cdot)$ を生成モデル $p_{\boldsymbol{\theta}}$ に置き換えた後, 確率微分方程式の適切な数値解法で解くことによって, 所与の

生成モデルからの標本抽出が可能となる．最もシンプルな確率微分方程式の数値解法である**オイラー–丸山スキーム**（Euler–Maruyama scheme）を使用すると

$$\boldsymbol{X}_{t+1} = \boldsymbol{X}_t - \nabla \log p_s(\boldsymbol{X}_t)\,\Delta t + \sqrt{2\Delta t}\,\boldsymbol{W}_t \tag{6.28}$$

が得られる．ここで，Δt は時間刻みである．式 (6.28) による標本抽出方法を特に，**ランジュヴァン標本抽出**（Langevin sampling）という．

　上記の生成モデルの中でも特に，マルコフ過程の一種である拡散過程の性質を利用したものを**拡散モデル**（diffusion model）という．拡散モデルでは，任意の初期分布に対して拡散過程の長時間極限での確率密度関数が正規分布に収束する性質を利用し，正規分布を時間反転が逆向きの拡散過程にしたがって引き戻すことで対象とする生成モデルを推定する．

　いま，順方向の拡散過程にしたがって時間発展する条件付き確率密度関数を $q(\boldsymbol{x}_{t+1}|\boldsymbol{x}_t)$ とすると，初期条件 $\boldsymbol{x}_0$ の下で系列 $\boldsymbol{x}_{1:T} = \{\boldsymbol{x}_1, \boldsymbol{x}_1, \ldots, \boldsymbol{x}_T\}$ がしたがう同時確率密度関数は

$$q(\boldsymbol{x}_{1:T}|\boldsymbol{x}_0) = \prod_{t=0}^{T-1} q(\boldsymbol{x}_{t+1}|\boldsymbol{x}_t)$$

となる．拡散モデルでは系列 $\boldsymbol{x}_{1:T}$ を動的潜在変数として扱い，遷移確率密度関数を正規分布

$$q(\boldsymbol{x}_{t+1}|\boldsymbol{x}_t) = \mathcal{N}(\boldsymbol{x}_{t+1};\, \sqrt{\alpha_{t+1}}\boldsymbol{x}_t,\, \beta_{t+1}I) \qquad (t = 0, \ldots, T-1) \tag{6.29a}$$

$$\alpha_t = 1 - \beta_t \qquad (0 < \beta_1 < \cdots < \beta_T < 1) \tag{6.29b}$$

として与える．

　そして，ノイズを生成する正規分布から，時間方向逆向きの拡散過程によって生成モデルに遷移する条件付き確率密度関数についても同様の手続きを行う．このとき，動的潜在変数の系列 $\boldsymbol{x}_{0:T}$ の同時確率密度関数は

$$p(\boldsymbol{x}_{0:T}) = p(\boldsymbol{x}_T) \prod_{t=1}^{T} p_{\boldsymbol{\theta}}(\boldsymbol{x}_{t-1}|\boldsymbol{x}_t)$$

となる．ここで，拡散モデルの T 時点では正規白色ノイズが生成されると仮定しているため

$$p(\boldsymbol{x}_T) = \mathcal{N}(\boldsymbol{x}_T; \boldsymbol{0}, I)$$

である．また，生成モデルに遷移する条件付き確率密度関数は，平均と共分散がそれぞれニューラルネットワークで与えられる正規分布

$$p_{\boldsymbol{\theta}}(\boldsymbol{x}_{t-1}|\boldsymbol{x}_t) = \mathcal{N}(\boldsymbol{x}_{t-1}; \boldsymbol{\mu}_{\boldsymbol{\theta}}(\boldsymbol{x}_t, t), \Sigma_{\boldsymbol{\theta}}(\boldsymbol{x}_t, t)) \qquad (t = 0, \dots, T)$$

(6.30)

とする．ただし，$\boldsymbol{\theta}$ はニューラルネットワークのパラメータである．

このような拡散モデルの学習は対数尤度関数

$$\log p_{\boldsymbol{\theta}}(\boldsymbol{x}_0) = \log \left(\int p_{\boldsymbol{\theta}}(\boldsymbol{x}_{0:T}) \, d\boldsymbol{x}_{1:T} \right)$$

に対して行われる．しかし，動的潜在変数の系列 $\boldsymbol{x}_{1:T}$ についての積分は解析的に求められず，数値的に求める際にも現実的な計算量での実行が不可能であることから，変分推論（4.1.2 項参照）によって近似的に求められる．

上式の対数尤度関数の符号を反転させたものに対して変分推論を適用すると

$$-\log p_{\boldsymbol{\theta}}(\boldsymbol{x}_0) \leq \mathbb{E}_q \left[-\log \frac{p_{\boldsymbol{\theta}}(\boldsymbol{x}_{0:T})}{q(\boldsymbol{x}_{1:T})} \right]$$
$$= \mathbb{E}_q \left[-\log p_{\boldsymbol{\theta}}(\boldsymbol{x}_T) - \sum_{t \geq 1} \log \frac{p_{\boldsymbol{\theta}}(\boldsymbol{x}_{t-1}|\boldsymbol{x}_t)}{q(\boldsymbol{x}_t|\boldsymbol{x}_{t-1})} \right] = L$$

(6.31)

が得られる．ここで，期待値演算 $\mathbb{E}_q$ は，確率密度関数 $q(\boldsymbol{x}_{1:T}|\boldsymbol{x}_0)$ に関するものである．式 (6.29a)，式 (6.29b) より，任意の t に対して

$$q(\boldsymbol{x}_t|\boldsymbol{x}_0) = \mathcal{N}(\sqrt{\bar{\alpha}}\boldsymbol{x}_0, (1 - \sqrt{\bar{\alpha}})I) \qquad \left(\bar{\alpha} = \prod_{s=1}^{T} \alpha_s \right)$$

であることと，拡散モデルのマルコフ性（2.3 節参照）により

$$q(\boldsymbol{x}_t|\boldsymbol{x}_{t-1}) = q(\boldsymbol{x}_t|\boldsymbol{x}_{t-1}, \boldsymbol{x}_0)$$

が成り立つこと，および，ベイズの定理（1.3 節参照）より

$$q(\boldsymbol{x}_t|\boldsymbol{x}_{t-1}, \boldsymbol{x}_0) = \frac{q(\boldsymbol{x}_{t-1}|\boldsymbol{x}_t, \boldsymbol{x}_0) \, q(\boldsymbol{x}_t|\boldsymbol{x}_0)}{q(\boldsymbol{x}_{t-1}|\boldsymbol{x}_0)}$$

であることを利用すると，式 (6.31) における L は

$$L = L_T + \sum_{t>1} L_{t-1} + L_0$$

$$\begin{cases} L_T = D_{\mathrm{KL}}(q(\boldsymbol{x}_T|\boldsymbol{x}_0)\|p(\boldsymbol{x}_T)) \\ L_{t-1} = D_{\mathrm{KL}}(q(\boldsymbol{x}_{t-1}|\boldsymbol{x}_t,\,\boldsymbol{x}_0)\|p_{\boldsymbol{\theta}}(\boldsymbol{x}_{t-1}|\boldsymbol{x}_t)) \\ L_0 = -\log p_{\boldsymbol{\theta}}(\boldsymbol{x}_0|\boldsymbol{x}_1) \end{cases}$$

と変形される．ここで，L_T はパラメータ $\boldsymbol{\theta}$ に依存しない定数であることから，学習時には無視しても差し障りはない．また，L_0 は対象とするデータに応じて適当な方法で近似的に求められる．例えば，0 から 255 までの整数値が $[-1,\,1]$ の範囲に線形変換された画像データに対しては

$$p_{\boldsymbol{\theta}}(\boldsymbol{x}_0|\boldsymbol{x}_1) = \prod_{i=1}^{D} \int_{\delta_-(x_0^i)}^{\delta_+(x_0^i)} \mathcal{N}(x;\,\mu_{\boldsymbol{\theta}}(\boldsymbol{x}_1,\,1),\,\sigma_1^2)\,dx$$

$$\left(\begin{aligned} \delta_+(x) &= \begin{cases} \infty & (\text{if } x = 1) \\ x + \dfrac{1}{255} & (\text{if } x < 1) \end{cases}, \\ \delta_-(x) &= \begin{cases} -\infty & (\text{if } x = -1) \\ x - \dfrac{1}{255} & (\text{if } x > -1) \end{cases} \end{aligned}\right) \tag{6.32}$$

という近似式が提案されている．残された L_{t-1} に対しては，式 (6.30) 中の共分散行列を $\sigma_t^2 I$ とし

$$q(\boldsymbol{x}_{t-1}|\boldsymbol{x}_t,\,\boldsymbol{x}_0) = \mathcal{N}(\widetilde{\boldsymbol{\mu}}(\boldsymbol{x}_t,\,\boldsymbol{x}_0),\,\widetilde{\beta}_t I)$$

$$\widetilde{\boldsymbol{\mu}}(\boldsymbol{x}_t,\,\boldsymbol{x}_0) = \frac{\sqrt{\bar{\alpha}_{t-1}}\,\beta_t}{1 - \bar{\alpha}_t}\,\boldsymbol{x}_0 + \frac{\sqrt{\alpha_t}\,(1 - \bar{\alpha}_{t-1})}{1 - \bar{\alpha}_t}\,\boldsymbol{x}_t$$

$$\widetilde{\beta}_t = \frac{1 - \bar{\alpha}_{t-1}}{1 - \bar{\alpha}_t}\,\beta_t$$

が成り立つことに注意すると

$$L_{t-1} = \mathbb{E}_q\left[\frac{1}{2\sigma_t^2}\|\widetilde{\boldsymbol{\mu}}(\boldsymbol{x}_t,\,\boldsymbol{x}_0) - \boldsymbol{\mu}_{\boldsymbol{\theta}}(\boldsymbol{x}_t,\,t)\|^2\right] + C \tag{6.33}$$

が得られる．ここで，C はパラメータ $\boldsymbol{\theta}$ に依存しない定数項である．さらに

$$\boldsymbol{x}_t(\boldsymbol{x}_0,\,\boldsymbol{\varepsilon}) = \sqrt{\bar{\alpha}_t}\boldsymbol{x}_0 + \sqrt{1 - \bar{\alpha}_t}\,\boldsymbol{\varepsilon} \qquad (\boldsymbol{\varepsilon} \sim \mathcal{N}(\boldsymbol{0},\,I))$$

を導入し，式 (6.33) において $\widetilde{L}_{t-1} = L_{t-1} - C$ とすると

$$\widetilde{L}_{t-1}$$

$$= \mathbb{E}_{\boldsymbol{x}_0, \boldsymbol{\varepsilon}} \left[\frac{1}{2\sigma_t{}^2} \left\| \frac{1}{\sqrt{\alpha_t}} \left(\boldsymbol{x}_t(\boldsymbol{x}_0, \boldsymbol{\varepsilon}) - \frac{\beta_t}{\sqrt{1 - \bar{\alpha}_t}} \right) - \boldsymbol{\mu}_{\boldsymbol{\theta}}(\boldsymbol{x}_t(\boldsymbol{x}_0, \boldsymbol{\varepsilon}), t) \right\|^2 \right]$$

と変形される．ここで，期待値演算 $\mathbb{E}_{\boldsymbol{x}_0, \boldsymbol{\varepsilon}}$ は $\boldsymbol{x}_0, \boldsymbol{\varepsilon}$ に関するものである．そして

$$\boldsymbol{\mu}_{\boldsymbol{\theta}}(\boldsymbol{x}_t, t) = \frac{1}{\sqrt{\alpha_t}} \left(\boldsymbol{x}_t - \frac{\beta_t}{\sqrt{1 - \bar{\alpha}_t}} \, \boldsymbol{\varepsilon}_{\boldsymbol{\theta}}(\boldsymbol{x}_t, t) \right)$$

とする $\boldsymbol{\varepsilon}_{\boldsymbol{\theta}}(\boldsymbol{x}_t, t)$ を導入することで

$$\widetilde{L}_{t-1} = \mathbb{E}_{\boldsymbol{x}_0, \boldsymbol{\varepsilon}} \left[\frac{\beta_t{}^2}{2\sigma_t{}^2 \alpha_t (1 - \bar{\alpha}_t)} \| \boldsymbol{\varepsilon} - \boldsymbol{\varepsilon}_{\boldsymbol{\theta}}(\boldsymbol{x}_t(\boldsymbol{x}_0, \boldsymbol{\varepsilon}), t) \|^2 \right] \tag{6.34}$$

が得られる．

以上により，拡散モデルの学習は式 (6.34) と，式 (6.32) に相当する近似式をモンテカルロ積分で求めることで実行されることが確認される．

付録 サンプルコード

　ここでは第 4 章の内容である状態推定と，第 5 章の内容である機械学習の Python のサンプルコードを掲載する．

A.1 状態推定のサンプルコード

　1 次元の線形状態空間モデル

$$x_{t+1} = Fx_t + Gw_t \qquad (w_t \sim \mathcal{N}(0,\,Q))$$
$$y_{t+1} = Hx_{t+1} + v_{t+1} \qquad (v_{t+1} \sim \mathcal{N}(0,\,R))$$

に対する，カルマンフィルタ，アンサンブルカルマンフィルタ，粒子フィルタのサンプルコードを**ソースコード A.1**，**ソースコード A.2**，**ソースコード A.3** に示す．

ソースコード A.1　線形状態空間モデルのカルマンフィルタ

```python
import numpy as np
from matplotlib import pyplot as plt

# 1次元ランダムウォークを生成
def generate_1d_random_walk(length, std_latent, std_observation):
    """
    1次元ランダムウォークを生成

    Parameters
    ----------
    length: int
        ランダムウォークのデータ長
    std_latent: float
        状態変数に印加する白色ノイズの強度
    std_observation: float
        観測変数に印加する白色ノイズの強度

    Returns
    ----------
    X: ndarray
        状態変数の系列
```

```
    Y: ndarray
        観測変数の系列
    """

    X = np.zeros(length)
    Y = np.zeros(length)
    W_x = np.random.randn(length-1)
    W_y = np.random.randn(length)
    for i in range(length-1):
        X[i+1] = X[i] + std_latent * W_x[i]
    Y = X + std_observation * W_y
    return X, Y

# カルマンフィルタ
def kalman_filter(y, F, G, H, Q, R, x_0, P_0):
    """
    線形状態空間モデルに対するカルマンフィルタ

    線形状態空間モデル:
        x_{t+1} = F * x_t + G * w_t, w_t ~ N(0, Q),
        y_{t+1} = H * x_{t+1} + v_{t+1}, v_{t+1} ~ N(0, R)

    Parameters
    ----------
    y: ndarray
        観測データ
    F: float
        システム行列
    G: float
        駆動行列
    H: float
        観測行列
    Q: float
        システムノイズの共分散行列
    R: float
        観測ノイズの共分散行列
    x_0: float
        状態変数の初期値
    P_0: float
        濾過行列の初期値

    Returns
    ----------
    flt_x: ndarray
        推定された状態変数
    flt_P: ndarray
        濾過行列
```

```
    """

    flt_x = np.zeros(len(y))
    flt_P = np.zeros(len(y))
    pred_x = x_0
    pred_P = P_0
    for i in range(len(y)):
        # フィルタリング
        K = pred_P * H / (H * pred_P * H + R)
        flt_x[i] = pred_x + K * (y[i] - H * pred_x)
        flt_P[i] = pred_P - K * H * pred_P
        # 時間発展
        pred_x = F * flt_x[i]
        pred_P = F * flt_P[i] * F + G * Q *G
    return flt_x, flt_P

# カルマンフィルタの実行
if __name__ == '__main__':
    print("1次元ランダムウォークに対してカルマンフィルタを実行")
    x, y = generate_1d_random_walk(1000, 1, 1)
    filtered_x, filtered_P = kalman_filter(y, F=1, G=1, H=1, Q=1,
      R=1, x_0=0, P_0=1)
    plt.figure(figsize=(6.5, 4.0))
    plt.plot(x, alpha=0.6, label='State_variable')
    plt.plot(filtered_x, alpha=0.6, label='Filtered_variable')
    plt.xlim((0, len(x)))
    plt.xlabel("Time_step")
    plt.ylabel("State_variable")
    plt.legend(loc="upper_right")
    plt.show()
```

ソースコード A.2　線形状態空間モデルのアンサンブルカルマンフィルタ

```
import numpy as np
from matplotlib import pyplot as plt

# 1次元ランダムウォークを生成
def generate_1d_random_walk(length, std_latent, std_observation):
    """
    1次元ランダムウォークを生成

    Parameters
    ----------
    length: int
        ランダムウォークのデータ長
    std_latent: float
```

```
                状態変数に印加する白色ノイズの強度
        std_observation: float
                観測変数に印加する白色ノイズの強度

        Returns
        ----------
        X: ndarray
                状態変数の系列
        Y: ndarray
                観測変数の系列
        """

        X = np.zeros(length)
        Y = np.zeros(length)
        W_x = np.random.randn(length-1)
        W_y = np.random.randn(length)
        for i in range(length-1):
            X[i+1] = X[i] + std_latent * W_x[i]
        Y = X + std_observation * W_y
        return X, Y

# アンサンブルカルマンフィルタ
def ensemble_kalman_filter(y, M, F=1, G=1, H=1, Q=1, R=1, x0=0,
    P0=0.1):
        """
        線形状態空間モデルに対するアンサンブルカルマンフィルタ

        線形状態空間モデル
        X_{t+1} = F * X_t + G * w_t, w_t ~ N(0, Q),
        Y_{t+1} = H * X_{t+1} + v_{t+1}, v_{t+1} ~ N(0, R)

        Parameters
        ----------
        y: ndarray
                観測データ
        M: int
                アンサンブル数
        F, G, H, Q, R: float
                線形状態空間モデルのパラメータ
        x0: float
                初期分布の初期値
        P0: float
                初期分布の共分散行列

        Return
        ----------
        estimated_data: ndarray
```

```
        推定値
    """
    estimated_data = []
    for i in range(len(y)):
        if i == 0:
            pred_x = x0 + P0 * np.random.randn(M)
        # フィルタリング
        pred_y = H * pred_x + R * np.random.randn(M)
        tilde_x = pred_x - np.mean(pred_x)
        tilde_y = pred_y - np.mean(pred_y)
        V = tilde_y @ tilde_y.T / (M-1)
        U = tilde_x @ tilde_y.T / (M-1)
        K = U / V
        flt_x = pred_x + K * (y[i] - pred_y)
        estimated_data.append(np.mean(flt_x))
        # 1期先予測
        pred_x = F * flt_x + G * Q * np.random.randn(M)
    return estimated_data

# アンサンブルカルマンフィルタの実行
if __name__ == '__main__':
    print("1次元ランダムウォークに対してアンサンブルカルマンフィルタを実行")
    x, y = generate_1d_random_walk(1000, 1, 1)
    enkf_x = ensemble_kalman_filter(y, M=50, F=1, G=1, H=1, Q=1, R=1,
        x0=0, P0=0.01)
    plt.figure(figsize=(6.5, 4.0))
    plt.plot(x, alpha=0.6, label='State_variable')
    plt.plot(enkf_x, alpha=0.6, label='Filtered_variable')
    plt.xlim((0, len(x)))
    plt.xlabel("Time_step")
    plt.ylabel("State_variable")
    plt.legend(loc="upper_right")
    plt.show()
```

ソースコード A.3　線形状態空間モデルの粒子フィルタ

```
import numpy as np
from matplotlib import pyplot as plt

# 1次元ランダムウォークを生成
def generate_1d_random_walk(length, std_latent, std_observation):
    """
    1次元ランダムウォークを生成

    Parameters
    ----------
```

```
        length: int
            ランダムウォークのデータ長
        std_latent: float
            状態変数に印加する白色ノイズの強度
        std_observation: float
            観測変数に印加する白色ノイズの強度

        Returns
        ----------
        X: ndarray
            状態変数の系列
        Y: ndarray
            観測変数の系列
        """

        X = np.zeros(length)
        Y = np.zeros(length)
        W_x = np.random.randn(length-1)
        W_y = np.random.randn(length)
        for i in range(length-1):
            X[i+1] = X[i] + std_latent * W_x[i]
        Y = X + std_observation * W_y
        return X, Y

# 粒子フィルタ
def particle_filter(y, N, F, G, H, Q, R, x_0, P_0):
    """
    線形状態空間モデルに対する粒子フィルタ

    線形状態空間モデル:
        x_{t+1} = F * x_t + G * w_t, w_t ~ N(0, Q),
        y_{t+1} = H * x_{t+1} + v_{t+1}, v_t ~ N(0, R),
        x_{0|-1} ~ N(x_0, P_0)

    Parameters
    ----------
    y: ndarray
        観測データ
    N: int
        粒子数
    F, G, H, Q, R: float
        線形状態空間モデルのパラメータ
    x_0: float
        x_{0|-1}の平均値
    P_0: float
        x_{0|-1}の共分散行列
```

```
    Returns
    ----------
    filtered_data: ndarray
        推定値
    """

# 観測方程式の尤度関数
def observed_likelihood(observation, latent):
    """
    観測方程式の尤度関数(正規分布)

    Parameters
    ----------
    observation: float
        観測量
    latent: ndarray
        状態量

    Return
    ----------
    normalized_alpha: ndarray
        規格化された尤度(リサンプリングの重み)
    """
    likelihood = np.exp(-(observation - H * latent)**2 / (2 *
        R**2)) / np.sqrt(2 * np.pi * R**2)
    return likelihood / np.sum(likelihood)

# リサンプリング
def resampling(random_data, weights, layer=True):
    """
    所与の重みでのリサンプリング

    Parameters
    ----------
    random_data: ndarray
        リサンプリング対象データ
    weights: ndarray
        重み係数
    layer: boolen
        層化リサンプリングの実施フラグ

    Return
    ----------
    resampled_data: ndarray
        リサンプリング後のデータ
    """
    L = len(random_data)
```

```python
            resampled_data = np.zeros(L)
            if layer == True:
                xi = np.array([(i+0.5)/L for i in range(L)])
            else:
                xi = np.random.uniform(size=L)
            for j in range(L):
                for i in range(L):
                    if i == 0:
                        if 0< xi[j] <= weights[0]:
                            resampled_data[j] = random_data[0]
                            break
                    else:
                        if np.sum(weights[:i-1]) < xi[j] <= \
                           np.sum(weights[:i]):
                            resampled_data[j] = random_data[i]
                            break
            return resampled_data

        # 状態変数の時間発展
        def system_evolution(recent_data):
            """
            状態方程式にしたがって粒子を時間発展

            Parameter
            ----------
            recent_data: ndarray
                現在時刻の状態変数

            Return
            ----------
                1期先の状態変数
            """
            return F * recent_data + Q * np.random.randn(len(recent_data))

        # フィルタリング
        filtered_data = []
        for i in range(len(y)):
            if i == 0:
                pred_x = x_0 + P_0 * np.random.randn(N)
            normalized_alpha = observed_likelihood(y[i], pred_x)
            flt_x = resampling(pred_x, normalized_alpha, layer=True)
            pred_x = system_evolution(flt_x)
            filtered_data.append(list(flt_x))
        return np.array(filtered_data).reshape(-1, N)

# 粒子フィルタの実行
if __name__ == '__main__':
```

```
print("1次元ランダムウォークに対して粒子フィルタを実行")
x, y = generate_1d_random_walk(1000, 1, 1)
pf_x = particle_filter(y, N=50, F=1, G=1, H=1, Q=1, R=1, x_0=0,
    P_0=10)
pf_x_mean = pf_x.mean(axis=1)
plt.figure(figsize=(6.5, 4.0))
plt.plot(x, alpha=0.6, label='State_variable')
plt.plot(pf_x_mean, alpha=0.6, label='Filtered_variable')
plt.xlim((0, len(x)))
plt.xlabel("Time_step")
plt.ylabel("State_variable")
plt.legend(loc="upper_right")
plt.show()
```

A.2　機械学習のサンプルコード

三角関数にノイズを加えた

$$y = \sin x + \xi$$

に対して，ξ が正規分布 $\mathcal{N}(0, \sigma)$ にしたがうケースと，スチューデントの t-分布 $\mathcal{T}(0, \sigma, \nu)$ にしたがうケースのそれぞれを，ガウス過程回帰およびスチューデントの t-過程回帰で推定するサンプルコードを**ソースコード A.4**，**ソースコード A.5** に示す．

ソースコード A.4　ガウス過程回帰による三角関数の推定

```
import numpy as np
from matplotlib import pyplot as plt

# RBFカーネル
def rbf_kernel(x1, x2, alpha=0.5, length_scale=1.0):
    """
    Radial Basis Function (RBF) kernel

    Parameters
    ----------
    x1: ndarry
        カーネル行列の第1引数
    x2: ndarry
        カーネル行列の第2引数
    alpha: float
        RBFカーネルのパラメータα
    length_scale: float
        RBFカーネルのパラメータl
```

```
    Returns
    ----------
        RBFカーネルを成分にもつカーネル行列
    """
    difference = np.expand_dims(x1, 1) - np.expand_dims(x2, 0)
    square_distance = difference ** 2
    return np.exp(-alpha * square_distance / length_scale**2)

# ガウス過程回帰
def gaussian_process_regression(x, y, x_new, alpha=0.5,
  length_scale=1.0, noise_intensity=1e-10):
    """
    ガウス過程回帰による予測分布を求める

    Parameters
    ----------
    x: ndarry
        学習データ(説明変数)
    y: ndarry
        学習データ(目的変数)
    x_new: ndarry
        予測対象の説明変数
    alpha: float
        RBFカーネルのパラメータα
    length_scale: float
        RBFカーネルのパラメータl
    noise_intensity: float
        回帰におけるノイズ強度

    Returns
    y_pred: ndarry
        平均の予測値
    std_pred: ndarry
        標準偏差の予測値
    ----------
    """
    K = rbf_kernel(x, x, alpha, length_scale) + noise_intensity *
      np.eye(len(x))
    K_inv = np.linalg.inv(K)

    K_s = rbf_kernel(x, x_new, alpha, length_scale)
    K_ss = rbf_kernel(x_new, x_new, alpha, length_scale)

    y_pred = K_s.T.dot(K_inv).dot(y)
    cov_pred = K_ss - K_s.T.dot(K_inv).dot(K_s)
    std_pred = np.sqrt(np.diag(cov_pred))
```

```
        return y_pred, std_pred


# ガウス過程回帰による予測
if __name__ == '__main__':
    x = np.linspace(0, 2*np.pi)
    y = np.sin(x) + 10e-5 * np.random.randn(len(x))
    split_position = -10
    x_known = x[:split_position]
    x_unknown = x[split_position:]
    y_known = y[:split_position]
    y_unknown = y[split_position:]

    y_pred, sigma_pred = gaussian_process_regression(x_known,
      y_known, x_unknown, noise_intensity=1e-8)
    plt.plot(x_known, y_known, color="C0", label="Learning_data")
    plt.plot(x_unknown, y_unknown, color="C1", label="True_data")
    plt.plot(x_unknown, y_pred, color="C2", label="Prediction_curve")
    plt.fill_between(x_unknown, y_pred-sigma_pred, y_pred+sigma_pred,
      color="C2", alpha=0.4, label="Prediction_uncertainity")
    plt.xlim((x[0], x[-1]))
    plt.xlabel("x")
    plt.ylabel("f(x)")
    plt.legend(loc="upper_right")
    plt.show()
```

ソースコード A.5 スチューデントの t-過程回帰による三角関数の推定

```
import numpy as np
from matplotlib import pyplot as plt
from scipy.stats import t as StudentT

# RBFカーネル
def rbf_kernel(x1, x2, alpha=0.5, length_scale=1.0):
    """
    Radial Basis Function (RBF) kernel

    Parameters
    ----------
    x1: ndarry
        カーネル行列の第1引数
    x2: ndarry
        カーネル行列の第2引数
    alpha: float
        RBFカーネルのパラメータ α
```

```
    length_scale: float
        RBFカーネルのパラメータl

    Returns
    -----------
        RBFカーネルを成分にもつカーネル行列
    """
    difference = np.expand_dims(x1, 1) - np.expand_dims(x2, 0)
    square_distance = difference ** 2
    return np.exp(-alpha * square_distance / length_scale**2)

# スチューデントのt-過程回帰
def student_t_process_regression(x, y, x_new, nu=0.8, alpha=0.5,
  length_scale=1.0, noise_intensity=1e-10):
    """
    スチューデントのt-過程回帰による予測分布を求める

    Parameters
    ----------
    x: ndarry
        学習データ(説明変数)
    y: ndarry
        学習データ(目的変数)
    x_new: ndarry
        予測対象の説明変数
    nu: float
        スチューデントのt-分布の自由度
    alpha: float
        RBFカーネルのパラメータα
    length_scale: float
        RBFカーネルのパラメータl
    noise_intensity: float
        回帰におけるノイズ強度

    Returns
    y_pred: ndarry
        平均の予測値
    std_pred: ndarry
        標準偏差の予測値
    -----------
    """
    K = rbf_kernel(x, x, alpha, length_scale) + noise_intensity *
      np.eye(len(x))
    K_inv = np.linalg.inv(K)

    K_s = rbf_kernel(x, x_new, alpha, length_scale)
    K_ss = rbf_kernel(x_new, x_new, alpha, length_scale)
```

```
    D = len(y)
    distance = y.dot(K_inv).dot(y)
    cov_gain = (nu + distance) / (nu + D)

    y_pred = K_s.T.dot(K_inv).dot(y)
    cov_pred = cov_gain * (K_ss - K_s.T.dot(K_inv).dot(K_s))
    std_pred = np.sqrt(np.diag(cov_pred))
    nu_pred = nu + D

    return y_pred, std_pred, nu_pred


# スチューデントのt-過程回帰による予測
if __name__ == '__main__':
    x = np.linspace(0, 2*np.pi)
    y = np.sin(x) + 10e-5 * StudentT.rvs(0.8, size=len(x))
    split_position = -10
    x_known = x[:split_position]
    x_unknown = x[split_position:]
    y_known = y[:split_position]
    y_unknown = y[split_position:]

    y_pred, sigma_pred, _ = student_t_process_regression(x_known,
        y_known, x_unknown, noise_intensity=1e-8)
    plt.plot(x_known, y_known, color="C0", label="Learning_data")
    plt.plot(x_unknown, y_unknown, color="C1", label="True_data")
    plt.plot(x_unknown, y_pred, color="C2", label="Prediction_curve")
    plt.fill_between(x_unknown, y_pred-sigma_pred, y_pred+sigma_pred,
        color="C2", alpha=0.4, label="Prediction_uncertainity")
    plt.xlim((x[0], x[-1]))
    plt.xlabel("x")
    plt.ylabel("f(x)")
    plt.legend(loc="upper_right")
    plt.show()
```

参考文献

1) 伊藤清三. ルベーグ積分入門（数学選書 4）. 裳華房，2017.

2) 小谷眞一. 測度と確率. 岩波書店，2015.

3) 舟木直久. 確率論（講座数学の考え方）. 朝倉書店，2004.

4) 岩崎 学. 統計的因果推論. 朝倉書店，2015.

5) 清水昌平. 統計的因果探索（MLP 機械学習プロフェッショナルシリーズ）. 講談社，2017.

6) 磯崎 洋. 超関数・フーリエ変換入門：基礎から偏微分方程式への応用まで. サイエンス社，2010.

7) 高橋陽一郎. 実関数とフーリエ解析. 岩波書店，2016.

8) 日野幹雄. スペクトル解析. 朝倉書店，2010.

9) L. シュワルツ 著，岩村 聯，石垣春夫，鈴木文夫 訳. 超函数の理論. 岩波書店，2018.

10) 齋藤正彦. 線型代数入門. 東京大学出版会，1996.

11) 長谷川浩司. 線型代数（改訂版）. 日本評論社，2015.

12) 佐武一郎. 線型代数学（数学選書 1）（新装版）. 裳華房，2015.

13) 中村 周. 量子力学のスペクトル理論（共立講座 21 世紀の数学 26）. 共立出版，2012.

14) 藤田 宏，黒田成俊，伊藤清三. 関数解析. 岩波書店，1991.

15) 黒田成俊. 関数解析（共立数学講座 15）. 共立出版，1980.

16) 松本幸夫. 多様体の基礎. 東京大学出版会，1988.

17) 森田茂之. 微分形式の幾何学，岩波書店，2016.

18) 松本 誠. 計量微分幾何学（基礎数学選書 14）. 裳華房，2003.

19) Alexander J McNeil, Rüdiger Frey, and Paul Embrechts. *Quantitative risk management: concepts, techniques and tools, Rev. ed.* Princeton University Press, 2015.

20) Carl Edward Rasmussen, Christopher KI Williams, *et al. Gaussian processes for machine learning.* Springer, 2006.

21) Crispin W Gardiner, *et al. Handbook of stochastic methods for physics, chemistry, and the natural sciences, 3rd ed..* Springer, 2004.

22) Hannes Risken. *The Fokker-planck equation: methods of solution and application, 2nd ed..* Springer, 1996.

23) Hui-Hsiung Kuo. *Introduction to Stochastic Integration.* Springer, 2006.

24) Jaehoon Lee, Jascha Sohl-dickstein, Jeffrey Pennington, Roman Novak, Sam Schoenholz and Yasaman Bahri. Deep Neural Networks as Gaussian Processes. International Conference on Learning Representations, 2018.

25) Jonathan Ho, Ajay Jain, and Pieter Abbeel. Denoising diffusion probabilistic models. *Advances in Neural Information Processing Systems*, **33**: 6840–6851, 2020.

26) Kurt Jacobs. *Stochastic Processes for Physicists: understanding noisy system.*

Cambridge University Press, 2010.

27) Nicolaas Godfried Van Kampen. *Stochastic processes in physics and chemistry 3rd ed.*. Elsevier, 2007.

28) Siegfried Flügge, *et al. Practical quantum mechanics.* Springer-Verlag, 1999.

29) Yusuke Uchiyama, Takanori Kadoya, and Hidetoshi Konno. Fractional generalized Cauchy process. *Physical Review, E* **99**(3):032119, 2019.

30) Yusuke Uchiyama and Takanori Kadoya. Superstatistics with cut-off tails for financial time series. *Physica A: Statistical Mechanics and its Applications*, **526**(15):120930, 2019.

31) 足立修一，丸田一郎. カルマンフィルタの基礎. 東京電機大学出版局，2012.

32) 岡野原大輔. 拡散モデル—データ生成技術の数理—. 岩波書店，2023.

33) 片山 徹. 新版 応用カルマンフィルタ. 朝倉書店，2000.

34) 片山 徹. 非線形カルマンフィルタ. 朝倉書店，2011.

35) 北川源四郎. 時系列解析入門. 岩波書店，2005.

36) 金野秀敏. 応用確率・統計入門. 現代工学社，1999.

37) 薩摩順吉. 確率・統計（理工系の数学入門コース）. 岩波書店，2019.

38) 杉山 将. 機械学習のための確率と統計（MLP 機械学習プロフェッショナルシリーズ）. 講談社，2015.

39) 須山敦志. ベイズ推論による機械学習入門（MLS 機械学習スタートアップシリーズ）. 講談社，2017.

40) 須山敦志. ベイズ深層学習（MLP 機械学習プロフェッショナルシリーズ）. 講談社，2019.

41) 谷口説男. 確率微分方程式（共立講座 数学の輝き 7）. 共立出版，2016.

42) 戸田盛和，斎藤信彦，久保亮五，橋爪夏樹. 統計物理学（現代物理学の基礎 5）. 岩波書店，2016.

43) 中川 慧，角屋貴則，内山祐介. 金融時系列のための深層 t 過程回帰モデル. 人工知能学会第二種研究会資料，**2018**(FIN-021):82, 2018.

44) 樋口知之 編著，上野玄太，中野慎也，中村和幸，吉田 亮 著. データ同化入門—次世代のシミュレーション技術—. 朝倉書店，2011.

45) 舟木直久. 確率微分方程式. 岩波書店，2015.

46) 持橋大地，大羽成征. ガウス過程と機械学習（MLP 機械学習プロフェッショナルシリーズ）. 講談社，2019.

47) C. M. ビショップ 著，元田 浩，栗田多喜夫，樋口知之，松本裕治，村田 昇 監訳. パターン認識と機械学習（上，下）：ベイズ理論による統計的予測. 丸善出版，2012.

索　引

〈著者略歴〉

内 山 祐 介（うちやま　ゆうすけ）

株式会社MAZIN 取締役, 博士(工学)
2009年　株式会社 日立製作所 機械研究所 入社
2014年　筑波大学 大学院システム情報工学研究科 博士後期課程 修了
2014年　筑波大学 システム情報系 研究員
2018年より現職
確率過程ならびに機械学習の生産工学への応用に関する研究, ならびに事業化活動に従事

機械学習のための確率過程入門
－確率微分方程式からベイズモデル, 拡散モデルまで－

2023年 9 月 29 日　第1版第1刷発行
2024年 1 月 20 日　第1版第3刷発行

著　　者　内 山 祐 介
発 行 者　村 上 和 夫
発 行 所　株式会社 オーム社
　　　　　郵便番号　101-8460
　　　　　東京都千代田区神田錦町 3-1
　　　　　電話　03(3233)0641(代表)
　　　　　URL　https://www.ohmsha.co.jp/

© 内山祐介 2023

組版　Green Cherry　　印刷　三美印刷　　製本　協栄製本
ISBN978-4-274-23108-7　Printed in Japan

本書の感想募集　https://www.ohmsha.co.jp/kansou/
本書をお読みになった感想を上記サイトまでお寄せください.
お寄せいただいた方には, 抽選でプレゼントを差し上げます.

BayoLinkSで 実践する ベイジアンネットワーク

ベイヨリンク エス

[編著]
本村 陽一

[執筆者]
小野 義之　　北村　章
阪井 尚樹　　佐藤 雅哉
鈴木 聖一　　野守 耕爾
本村 陽一　　安松　健
株式会社 NTTデータ数理システム

B5変判／352頁
定価（本体3400円【税別】）

ベイジアンネットワークの 知識と実践がわかる

　ベイジアンネットワークは変数間の依存関係を確率によって表示した確率的グラフィカルモデルで、原因と結果の関係性を確率的に、またグラフィカルに示すことができるため、近年注目されています。

　本書ではベイジアンネットワークの基本的な知識と、実際に実務の現場でどのようにベイジアンネットワークが使われているかの実践例を説明します。BayoLinkSというソフトウェア（体験版）を用いた実際の分析方法も紹介しています。

[主要目次]